大数据技术与应用丛书

Spark
大数据分析与实战

黑马程序员 / 编著

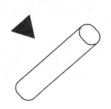

清华大学出版社
北 京

内 容 简 介

本书从初学者角度详细介绍了 Spark 应用程序体系架构的核心技术,全书共 9 章。第 1 章详细介绍开发 Spark 框架的 Scala 编程语言;第 2～4、7～8 章主要讲解 Spark 核心基础、SparkRDD 弹性分布式数据集、Spark SQL 处理结构化数据、Spark Streaming 实时计算框架、Spark MLlib 机器学习库,并包含了搭建 Spark 集群、Spark 集群的操作方式、利用 Spark 解决大数据工作中遇到的基本问题。第 5～6 章主要讲解大数据环境中常见的辅助系统,HBase 数据库以及 Kafka 流处理平台,包含辅助系统的搭建方式、使用方法以及相关底层实现的基本原理;第 9 章是一个综合项目,利用 Spark 框架开发流式计算系统。掌握 Spark 相关技术,能够很好地适应企业开发的技术需要,为离线、实时数据处理平台的开发奠定基础。

本书附有配套源代码、教学 PPT、题库、教学视频、教学补充案例、教学设计等资源。为了帮助初学者更好地学习本书中的内容,还提供了在线答疑,欢迎读者关注。

本书可作为高等院校本、专科计算机相关专业,大数据课程的专用教材,是一本适合广大计算机编程爱好者的优秀读物。

图书在版编目(CIP)数据

Spark 大数据分析与实战/黑马程序员编著. —北京:清华大学出版社,2019(2024.12 重印)
(大数据技术与应用丛书)
ISBN 978-7-302-53432-7

Ⅰ. ①S… Ⅱ. ①黑… Ⅲ. ①数据处理软件 Ⅳ. ①TP274

中国版本图书馆 CIP 数据核字(2019)第 166166 号

责任编辑:袁勤勇　杨　枫
封面设计:韩　冬
责任校对:胡伟民
责任印制:曹婉颖

出版发行:清华大学出版社
　　　　　网　　　址:https://www.tup.com.cn,https://www.wqxuetang.com
　　　　　地　　　址:北京清华大学学研大厦 A 座　　　　　　　邮　　编:100084
　　　　　社 总 机:010-83470000　　　　　　　　　　　　　　邮　　购:010-62786544
　　　　　投稿与读者服务:010-62776969,c-service@tup.tsinghua.edu.cn
　　　　　质量反馈:010-62772015,zhiliang@tup.tsinghua.edu.cn
　　　　　课件下载:https://www.tup.com.cn,010-83470236
印 装 者:三河市龙大印装有限公司
经　　销:全国新华书店
开　　本:185mm×260mm　　印　　张:15　　插　　页:1　　字　　数:378 千字
版　　次:2019 年 9 月第 1 版　　　　　　　　　　　　　　　　印　　次:2024 年 12 月第 16 次印刷
定　　价:49.00 元

产品编号:083855-02

前　言

为什么要学习本书

Apache Spark 是用于大规模数据处理的统一分析引擎，具有高效性、易用性、通用性、兼容性四大特性，并且在 Spark 生态体系中，包含了离线数据、流式数据、图计算、机器学习、NoSQL 查询等多个方面的解决方案，深受广大大数据工程师及算法工程师的喜爱。对于想从事大数据行业的开发人员来说，学好 Spark 尤为重要。

Spark 技术功能强大，涉及知识面较广，零基础的同学很难踏入 Spark 体系架构之中，因此本书采用理论和案例相结合的编写方式，用通俗易懂的语言讲解复杂、难以理解的原理，每章都包含多个案例，让读者学以致用。

关于本书

作为大数据技术 Spark 的入门教程，最重要且最难的一件事情就是将一些复杂、难以理解的思想和问题简单化，让初学者能够轻松理解并快速掌握。本教材对每个知识点都进行了深入分析，并针对每个知识点精心设计了相关案例，然后模拟这些知识点在实际工作中的运用，真正做到了知识的由浅入深、由易到难。

本书共分为 9 章，接下来分别对每个章节进行简单的介绍，具体如下。

- 第 1 章主要讲解什么是 Scala 以及 Scala 编程相关知识。通过本章学习，读者应掌握 Scala 环境的安装配置，熟悉 Scala 语法规范，并实现使用 Scala 语言编写自己的第一个程序。

- 第 2 章主要介绍什么是 Spark，以及搭建 Spark 集群的方式，并通过 Spark Shell 学习 Spark 的基本操作方法。通过本章学习，读者应能独立搭建 Spark 集群，同时对 Spark 系统的基础操作和基本原理有初步了解。

- 第 3 章主要介绍什么是 Spark RDD、RDD 的处理过程以及操作 RDD 的方式。通过本章的学习，读者可以了解 RDD 处理数据核心思想，并且能够使用 RDD 编程解决实际问题。

- 第 4 章主要介绍 Spark SQL 的数据模型 DataFrame 和 Dataset，它是一个由多个列组成的结构化的分布式数据集合，类似于关系数据库中的表概念。通过本章的学习，读者应能够掌握利用 Spark SQL 操作 MySQL 和 Hive 两种常见数据源。

- 第 5 章主要介绍 HBase 分布式数据库的数据模型以及操作方式。通过本章学习，读者能够掌握部署 HBase 集群的方法，了解 HBase 存储数据的架构原理，并且能够使用 HBase 分布式数据库解决实际业务问题。

- 第 6 章主要介绍 Kafka 流处理平台，Kafka 是流式计算系统中常见的辅助工具，通过 Kafka 工作原理的学习，读者能够了解 Kafka 集群整体架构中各个组件的功能，以及 Kafka 写入数据和消费数据的底层原理及操作方式。通过本章学习，读者能够掌握部署 Kafka 集群的方法，并能够通过执行命令和 API 方式操作 Kafka。
- 第 7 章主要介绍 Spark Streaming 的相关知识，Spark Streaming 是 Spark 生态系统中实现流式计算功能的重要组件。通过本章 Spark Streaming 案例式讲解，读者能够掌握 Spark Streaming 程序的开发步骤，及与 Kafka 整合使用的方法。
- 第 8 章主要介绍 Spark MLlib，它是 Spark 提供的机器学习库，其中整合了统计、分类、回归、过滤等主流的机器学习算法和丰富的 API，降低用户使用机器学习的难度。通过本章学习，读者能够了解利用 Spark 完成机器学习的方式，即获取数据集，调用训练模型算法得出模型，通过模型分析当前数据。
- 第 9 章主要介绍利用 Spark 构建实时交易数据统计案例的开发流程。通过本章学习，读者能够了解实时计算项目的基本架构模型，以及本项目统计商品成交额的需求实现方式。

本书配套服务

为了提升您的学习或教学体验，我们精心为本书配备了丰富的数字化资源和服务，包括在线答疑、教学大纲、教学设计、教学 PPT、教学视频、测试题、源代码等。通过这些配套资源和服务，我们希望让您的学习或教学变得更加高效。请扫描下方二维码获取本书配套资源和服务。

索取数字资源

致谢

本书的编写和整理工作由传智播客教育科技股份有限公司完成，主要参与人员有高美云、文燕等，全体人员在这近一年的编写过程中付出了许多辛勤的汗水。除此之外，还有传智播客 600 多名学员参与到了教材的试读工作中，他们站在初学者的角度对教材提出了许多宝贵的修改意见，在此一并表示衷心的感谢。

意见反馈

尽管我们付出了最大的努力，但书中难免会有欠妥之处，欢迎各界专家和读者朋友提出宝贵意见，我们将不胜感激。您在阅读本书时，如果发现任何问题或有不认同之处可以通过电子邮件与我们取得联系。

请发送电子邮件至 itcast_book@vip.sina.com。

黑马程序员

2024 年 12 月

目 录

第 1 章 Scala 语言基础 ··· 1

1.1 初识 Scala ··· 1

    1.1.1 Scala 概述 ··· 1

    1.1.2 Scala 的下载安装 ····································· 2

    1.1.3 在 IDEA 开发工具中下载安装

          Scala 插件 ··· 4

    1.1.4 开发第一个 Scala 程序 ······························· 6

1.2 Scala 的基础语法 ··· 9

    1.2.1 声明值和变量 ··· 9

    1.2.2 数据类型 ··· 9

    1.2.3 算术和操作符重载 ····································· 10

    1.2.4 控制结构语句 ··· 10

    1.2.5 方法和函数 ··· 13

1.3 Scala 的数据结构 ··· 15

    1.3.1 数组 ··· 15

    1.3.2 元组 ··· 19

    1.3.3 集合 ··· 19

1.4 Scala 面向对象的特性 ··· 24

    1.4.1 类与对象 ··· 24

    1.4.2 继承 ··· 25

    1.4.3 单例对象和伴生对象 ··································· 26

    1.4.4 特质 ··· 28

1.5 Scala 的模式匹配与样例类 ····································· 29

    1.5.1 模式匹配 ··· 30

    1.5.2 样例类 ··· 31

1.6 本章小结 ··· 31

1.7 课后习题 ··· 32

第 2 章 Spark 基础 ··· 33

2.1 初识 Spark ··· 33

2.1.1 Spark 概述 ·· 33

2.1.2 Spark 的特点 ·· 34

2.1.3 Spark 应用场景 ·· 35

2.1.4 Spark 与 Hadoop 对比 ······································ 36

2.2 搭建 Spark 开发环境 ··· 37

2.2.1 环境准备 ·· 37

2.2.2 Spark 的部署方式 ··· 37

2.2.3 Spark 集群安装部署 ··· 38

2.2.4 Spark HA 集群部署 ·· 41

2.3 Spark 运行架构与原理 ·· 45

2.3.1 基本概念 ·· 45

2.3.2 Spark 集群运行架构 ··· 45

2.3.3 Spark 运行基本流程 ··· 46

2.4 体验第一个 Spark 程序 ··· 47

2.5 启动 Spark-Shell ·· 49

2.5.1 运行 Spark-Shell 命令 ······································· 49

2.5.2 运行 Spark-Shell 读取 HDFS 文件 ····························· 50

2.6 IDEA 开发 WordCount 程序 ·· 52

2.6.1 以本地模式执行 Spark 程序 ··································· 52

2.6.2 集群模式执行 Spark 程序 ····································· 54

2.7 本章小结 ··· 58

2.8 课后习题 ··· 59

第 3 章 Spark RDD 弹性分布式数据集 ··································· 60

3.1 RDD 简介 ··· 60

3.2 RDD 的创建方式 ··· 61

3.2.1 从文件系统加载数据创建 RDD ································· 61

3.2.2 通过并行集合创建 RDD ······································ 62

3.3 RDD 的处理过程 ··· 63

3.3.1 转换算子 ·· 63

3.3.2 行动算子 ·· 67

3.3.3 编写 WordCount 词频统计案例 ································ 70

3.4 RDD 的分区 ·· 71

3.5 RDD 的依赖关系 ··· 71

3.6 RDD 机制 ··· 73

3.6.1 持久化机制 ·· 73

3.6.2 容错机制 ·· 75

3.7 Spark 的任务调度 ·· 76

3.7.1 DAG 的概念 ·· 76

3.7.2　RDD 在 Spark 中的运行流程 ································ 76

3.8　本章小结 ··· 78

3.9　课后习题 ··· 78

第 4 章　Spark SQL 结构化数据文件处理 ····························· 80

4.1　Spark SQL 的基础知识 ··· 80

4.1.1　Spark SQL 的简介 ······································ 80

4.1.2　Spark SQL 架构 ·· 81

4.2　DataFrame 的基础知识 ··· 82

4.2.1　DataFrame 简介 ·· 82

4.2.2　DataFrame 的创建 ······································ 83

4.2.3　DataFrame 的常用操作 ·································· 86

4.3　Dataset 的基础知识 ·· 89

4.3.1　Dataset 简介 ··· 89

4.3.2　Dataset 对象的创建 ····································· 89

4.4　RDD 转换为 DataFrame ··· 90

4.4.1　反射机制推断 Schema ··································· 90

4.4.2　编程方式定义 Schema ··································· 92

4.5　Spark SQL 操作数据源 ··· 94

4.5.1　操作 MySQL ·· 94

4.5.2　操作 Hive 数据集 ······································ 96

4.6　本章小结 ··· 99

4.7　课后习题 ··· 99

第 5 章　HBase 分布式数据库 ·· 101

5.1　HBase 的基础知识 ··· 101

5.1.1　HBase 的简介 ·· 101

5.1.2　HBase 的数据模型 ······································ 102

5.2　HBase 的集群部署 ··· 103

5.3　HBase 的基本操作 ··· 107

5.3.1　HBase 的 Shell 操作 ···································· 107

5.3.2　HBase 的 Java API 操作 ································· 112

5.4　深入学习 HBase 原理 ·· 120

5.4.1　HBase 架构 ·· 121

5.4.2　物理存储 ·· 122

5.4.3　寻址机制 ·· 123

5.4.4　HBase 读写数据流程 ···································· 124

5.5　HBase 和 Hive 的整合 ··· 125

5.6　本章小结 ··· 130

5.7 课后习题 ·· 130

第 6 章 Kafka 分布式发布订阅消息系统 ································ 132

6.1 Kafka 的基础知识 ··· 132

6.1.1 消息传递模式简介 ··· 132

6.1.2 Kafka 简介 ··· 133

6.2 Kafka 工作原理 ·· 134

6.2.1 Kafka 核心组件介绍 ··· 134

6.2.2 Kafka 工作流程分析 ··· 136

6.3 Kafka 集群部署与测试 ·· 138

6.3.1 安装 Kafka ··· 138

6.3.2 启动 Kafka 服务 ··· 140

6.4 Kafka 生产者和消费者实例 ·· 141

6.4.1 基于命令行方式使用 Kafka ································· 141

6.4.2 基于 Java API 方式使用 Kafka ···························· 143

6.5 Kafka Streams ·· 148

6.5.1 Kafka Streams 概述 ·· 149

6.5.2 Kafka Streams 开发单词计数应用 ························· 149

6.6 本章小结 ·· 153

6.7 课后习题 ·· 153

第 7 章 Spark Streaming 实时计算框架 ······························ 155

7.1 实时计算的基础知识 ·· 155

7.1.1 什么是实时计算 ··· 155

7.1.2 常用的实时计算框架 ·· 155

7.2 Spark Streaming 的基础知识 ·· 156

7.2.1 Spark Streaming 简介 ·· 156

7.2.2 Spark Streaming 工作原理 ·································· 157

7.3 Spark 的 DStream ·· 157

7.3.1 DStream 简介 ··· 157

7.3.2 DStream 编程模型 ··· 158

7.3.3 DStream 转换操作 ··· 158

7.3.4 DStream 窗口操作 ··· 164

7.3.5 DStream 输出操作 ··· 168

7.3.6 DStream 实例——实现网站热词排序 ···················· 170

7.4 Spark Streaming 整合 Kafka 实战 ··································· 173

7.4.1 KafkaUtils.createDstream 方式 ····························· 173

7.4.2 KafkaUtils.createDirectStream 方式 ························ 177

7.5 本章小结 ·· 180

7.6　课后习题 ……………………………………………………………………… 180

第 8 章　Spark MLlib 机器学习算法库 ………………………………………… 182

8.1　初识机器学习 ………………………………………………………………… 182
　　8.1.1　什么是机器学习 ………………………………………………………… 182
　　8.1.2　机器学习的应用 ………………………………………………………… 183
8.2　Spark 机器学习库 MLlib 的概述 …………………………………………… 184
　　8.2.1　MLlib 的简介 …………………………………………………………… 184
　　8.2.2　Spark 机器学习工作流程 ……………………………………………… 185
8.3　数据类型 ……………………………………………………………………… 186
　　8.3.1　本地向量 ………………………………………………………………… 186
　　8.3.2　标注点 …………………………………………………………………… 186
　　8.3.3　本地矩阵 ………………………………………………………………… 187
8.4　Spark MLlib 基本统计 ……………………………………………………… 188
　　8.4.1　摘要统计 ………………………………………………………………… 188
　　8.4.2　相关统计 ………………………………………………………………… 189
　　8.4.3　分层抽样 ………………………………………………………………… 190
8.5　分类 …………………………………………………………………………… 191
　　8.5.1　线性支持向量机 ………………………………………………………… 191
　　8.5.2　逻辑回归 ………………………………………………………………… 192
8.6　案例——构建推荐系统 ……………………………………………………… 193
　　8.6.1　推荐模型分类 …………………………………………………………… 194
　　8.6.2　利用 MLlib 实现电影推荐 …………………………………………… 194
8.7　本章小结 ……………………………………………………………………… 200
8.8　课后习题 ……………………………………………………………………… 200

第 9 章　综合案例——Spark 实时交易数据统计 …………………………… 202

9.1　系统概述 ……………………………………………………………………… 202
　　9.1.1　系统背景介绍 …………………………………………………………… 202
　　9.1.2　系统架构设计 …………………………………………………………… 202
　　9.1.3　系统预览 ………………………………………………………………… 203
9.2　Redis 数据库 ………………………………………………………………… 203
　　9.2.1　Redis 介绍 ……………………………………………………………… 204
　　9.2.2　Redis 部署与启动 ……………………………………………………… 204
　　9.2.3　Redis 操作及命令 ……………………………………………………… 205
9.3　模块开发——构建工程结构 ………………………………………………… 206
9.4　模块开发——构建订单系统 ………………………………………………… 211
　　9.4.1　模拟订单数据 …………………………………………………………… 211
　　9.4.2　向 Kafka 集群发送订单数据 ………………………………………… 212

9.5　模块开发——分析订单数据 ……………………………………………… 215

9.6　模块开发——数据展示 …………………………………………………… 219

　9.6.1　搭建 Web 开发环境 ………………………………………………… 219

　9.6.2　实现数据展示功能 …………………………………………………… 221

　9.6.3　可视化平台展示 ……………………………………………………… 227

9.7　本章小结 …………………………………………………………………… 228

第 1 章

Scala语言基础

学习目标

- 了解 Scala 的特点。
- 掌握 Scala 和 IDEA 的下载安装。
- 掌握 Scala 的基础语法。
- 掌握 Scala 的数据结构。
- 熟悉 Scala 面向对象的特性。
- 掌握 Scala 的模式匹配与样例类。

Spark 是专为大规模数据处理而设计的快速通用的计算引擎,它是用 Scala 语言开发实现的。大数据技术本身就是数据计算的技术,而 Scala 既有面向对象组织项目工程的能力,又具备计算数据的功能,同时与 Spark 紧密集成,本书将采用 Scala 语言开发 Spark 程序,所以学好 Scala 将有助于读者更好地掌握 Spark 框架。接下来,本章将讲解 Scala 语言的基础知识。

1.1 初识 Scala

1.1.1 Scala 概述

Scala 于 2001 年由瑞士洛桑联邦理工学院(EPFL)编程方法实验室研发,它由 Martin Odersky(马丁·奥德斯基)创建。目前,许多公司依靠 Java 进行的关键性业务应用已转向或正在转向 Scala,以提高应用程序的可扩展性和整体的可靠性,从而提高开发效率。

Scala 是 Scalable Language 的简称,它是一门多范式的编程语言,其设计初衷是实现一种可扩展的语言,并集成面向对象编程和函数式编程的各种特性。基于这个目标与设计,Scala 具有以下显著的特性。

(1) Scala 是面向对象的语言。

Scala 是一种纯粹的面向对象语言,每一个值都是对象。对象的数据类型以及行为由类和特征来描述,类抽象机制的扩展通过两种途径实现:一种是子类继承,另一种是混入机制,这两种途径都能够避免多重继承的问题。

(2) Scala 是函数式编程的语言。

Scala 也是一种函数式语言,其函数可以作为值来使用。Scala 提供了轻量级的语法用于定义匿名函数,支持高阶函数,允许嵌套多层函数,并支持柯里化。

（3）Scala 是静态类型的。

Scala 具备类型系统，通过编译时的类型检查来保证代码的安全性和一致性。类型系统支持的特性包括泛型类、注释、类型上下限约束、类别和抽象类型作为对象成员、复合类型、引用自己时显示指定类型、视图、多态方法等。

（4）Scala 是可扩展的。

在实际开发中，某个特定领域的应用程序开发往往需要特定领域的语言扩展。Scala 提供了许多独特的语言机制，它能够很容易地以库的方式无缝添加新的语言结构。

（5）Scala 是可以交互操作的。

Scala 可以与流行的 Java Runtime Environment(JRE)进行良好的交互操作。Scala 用 scalac 编译器把源文件编译成 Java 的 class 文件（即可以在 JVM 上运行的字节码）。我们可以从 Scala 中调用所有的 Java 类库，同样也可以从 Java 应用程序中调用 Scala 代码。

1.1.2　Scala 的下载安装

Scala 语言可以在 Windows、Linux、Mac OS 等系统上编译运行。由于 Scala 是运行在 JVM 平台上的，所以安装 Scala 之前必须配置好 JDK 环境（JDK 版本要求不低于 1.5）。本书使用的 JDK 版本是 jdk1.8，关于 JDK 的安装和配置这里不作详解。

在不同操作系统上安装 Scala 环境的相关介绍如下。

1. 在 Windows 下安装 Scala

访问 Scala 官网，单击【DOWNLOAD】按钮进入下载页面，在该页面可以下载最新版本的 Scala。考虑到 Scala 的稳定性以及和 Spark 的兼容性，这里选择下载 Scala 2.11.8，具体如图 1-1 所示。

Archive	System	Size
scala-2.11.8.tgz	Mac OS X, Unix, Cygwin	27.35M
scala-2.11.8.msi	Windows (msi installer)	109.35M
scala-2.11.8.zip	Windows	27.40M
scala-2.11.8.deb	Debian	76.02M
scala-2.11.8.rpm	RPM package	108.16M
scala-docs-2.11.8.txz	API docs	46.00M
scala-docs-2.11.8.zip	API docs	84.21M
scala-sources-2.11.8.tar.gz	Sources	

图 1-1　下载 Window 系统支持的 Scala 安装包

下载成功后，解压 Scala 的安装包 scala-2.11.8.zip，并配置 Windows 系统的环境变量，效果如图 1-2 和图 1-3 所示。

测试 Scala 环境是否安装成功。进入 Windows 的命令行，输入 scala 命令，按 Enter 键，效果如图 1-4 所示。

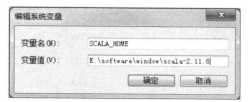

编辑系统变量
变量名(N):
SCALA_HOME
变量值(V):
E:\software\window\scala-2.11.8
确定
取消

图 1-2　Scala 系统变量的配置

编辑系统变量
变量名(N):
Path
变量值(V):
%HADOOP_HOME%\bin;%SCALA_HOME%\bin;
确定
取消

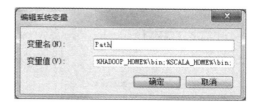

图 1-3　将 Scala 系统变量引入到环境中

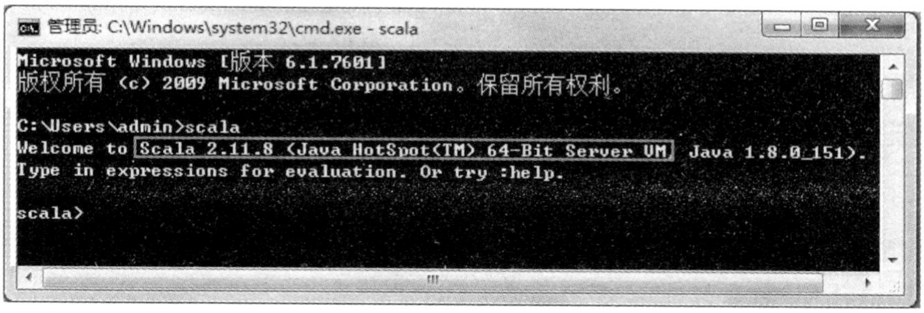

管理员: C:\Windows\system32\cmd.exe - scala
Microsoft Windows [版本 6.1.7601]
版权所有 (c) 2009 Microsoft Corporation。保留所有权利。
C:\Users\admin>scala
Welcome to Scala 2.11.8 (Java HotSpot(TM) 64-Bit Server VM, Java 1.8.0_151).
Type in expressions for evaluation. Or try :help.
scala>

图 1-4　测试 Scala 环境的安装

从图 1-4 可以看出，控制台输出了 Scala 的版本号 2. 11. 8，证明 Scala 环境已经安装成功。

2. 在 Linux 下安装 Scala

通过 Scala 官网下载 Linux 系统下的 Scala-2. 11. 8 的安装包 scala-2. 11. 8. tgz。将安装包上传到 Linux 系统的/export/software 目录下，进行解压安装，解压命令如下：

```
$tar -zxvf scala-2.11.8.tgz -C /export/servers/
```

执行 vi /etc/profile 命令，进入 Linux 环境变量的配置文件中，添加 Scala 环境变量，具体内容如下：

```
export SCALA_HOME=/export/servers/scala-2.11.8
export PATH=$PATH:$SCALA_HOME/bin
```

添加完上述的内容后，执行 source /etc/profile 命令，使配置的环境变量生效，Scala 在 Linux 系统下的环境安装完成。

3. 在 Mac 下安装 Scala

首先，通过 Scala 官网下载支持 Mac OS 的 Scala 安装包 scala-2. 11. 8. tgz，具体如图 1-5 所示。

下载成功后，解压安装包，并将其移动到主目录下(如果找不到主目录，可以回到桌面，按快捷键 Shift-Commond-H 进入计算机主目录)。

然后，修改环境变量。将 bin 目录添加到路径中，路径通常存储在计算机主目录下的

Archive	System	Size
scala-2.11.8.tgz	Mac OS X, Unix, Cygwin	27.35M
scala-2.11.8.msi	Windows (msi installer)	109.35M
scala-2.11.8.zip	Windows	27.40M
scala-2.11.8.deb	Debian	76.02M
scala-2.11.8.rpm	RPM package	108.16M
scala-docs-2.11.8.txz	API docs	46.00M
scala-docs-2.11.8.zip	API docs	84.21M
scala-sources-2.11.8.tar.gz	Sources	

图 1-5　下载 Mac 系统支持的 Scala 安装包

.profile 或.bash_profile 的文件中。假设此刻要编辑.bash_profile 文件,可以使用下列命令打开文件,具体如下:

```
$ touch ~/.bash_profile    #如果 bash_profile 不存在,可以使用此命令创建
$ open ~/.bash_profile     #打开 bash_profile 文件
```

接着,打开 bash_profile 文件后,将下列内容添加到所有 PATH 语句之后。

```
export PATH="主路径/Scala/bin:$PATH"
```

最后,保存并关闭 bash_profile 文件,重启计算机,并输入下列命令查看 Scala 版本号,测试 Scala 的安装情况,具体如下:

```
$ scala -version
```

如果 Scala 安装成功,计算机同样会输出 Scala 的版本号,说明 Scala 安装成功。

1.1.3　在 IDEA 开发工具中下载安装 Scala 插件

目前 Scala 的主流开发工具主要有两种:Eclipse 工具和 IDEA 工具,在这两个开发工具中可以安装对应的 Scala 插件进行 Scala 开发。由于 IDEA 工具可以自动识别代码错误并进行简单的修复,而且 IDEA 工具内置了很多优秀的插件,所以现在大多数 Scala 开发程序员都会选择 IDEA 作为开发 Scala 的工具。接下来,本书将以 Windows 操作系统为例,分步骤讲解如何在 IDEA 工具上下载安装 Scala 插件,具体步骤如下。

(1)访问 JetBrains 官网下载 IDEA 工具,本书选择的版本是 2018.2.5(IDEA 只是编程工具,读者可以任意选择);然后,打开 IDEA 安装包,单击【Next】按钮进行安装,直到安装结束。最终显示的效果如图 1-6 所示。

(2)访问 JetBrains 的官网下载 IDEA 工具的 Scala 插件,本书选择的版本是 2018.2.4 (scala-intellij-bin-2018.2.4.zip)。在 IDEA 工具上安装 Scala 插件,单击主界面右下角的【Configure】下拉按钮,然后选择【Plugins】命令,效果如图 1-7 所示。

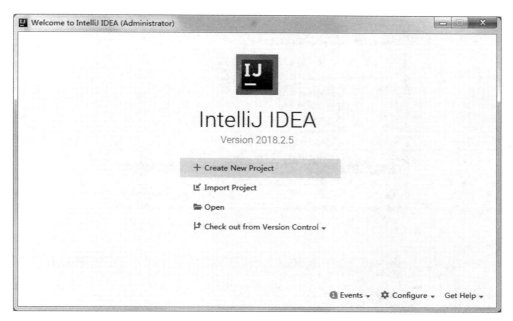

图 1-6　打开 IDEA 工具的主界面

图 1-7　Plugins 库

在图 1-7 中,Plugins 库中有很多的插件可以联网直接安装,由于选择的是离线安装方式,所以,需要单击【Install plugin from disk】按钮,选择 Scala 插件所在的路径,效果如图 1-8 所示。

在图 1-8 中,先选择好 Scala 插件,然后单击【OK】按钮,效果如图 1-9 所示。

从图 1-9 中可以看出,Scala 插件已经显示在 Plugins 库列表中,说明 Scala 插件已经安装完成,然后单击【OK】按钮,效果如图 1-10 所示。

从图 1-10 可以看出,安装完 Scala 插件,需要重启 IDEA 工具,Scala 插件才可以生效。单击【Restart】按钮,重启 IDEA 工具。

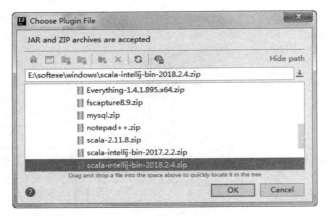

图 1-8   Scala 插件存储路径

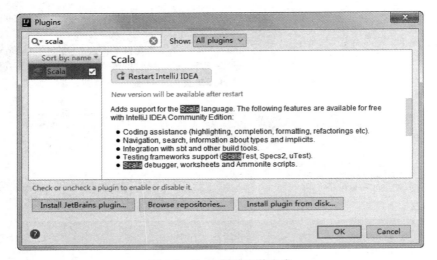

图 1-9   Scala 插件安装完成

图 1-10   重启 IDEA 工具界面

1.1.4   开发第一个 Scala 程序

前面完成了 Scala 环境和 IDEA 工具的安装。接下来，就以打印"Hello World"为例子来演示如何使用 IDEA 工具开发 Scala 程序，具体步骤如下。

（1）创建工程。在 IDEA 工具主界面中单击【Create New Project】按钮来创建工程，效果如图 1-11 所示。

在图 1-11 所示的界面中选择"Scala"，然后选中 IDEA 开发工具，单击【Next】按钮，效果如图 1-12 所示。

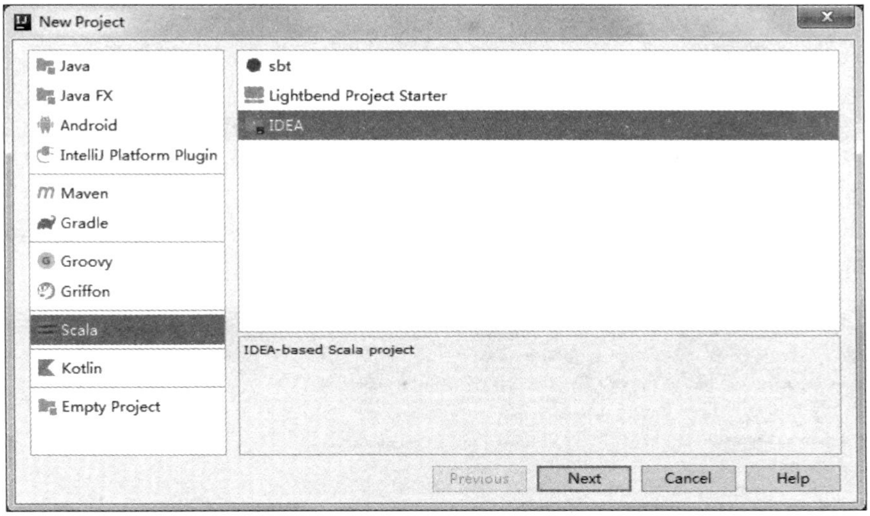

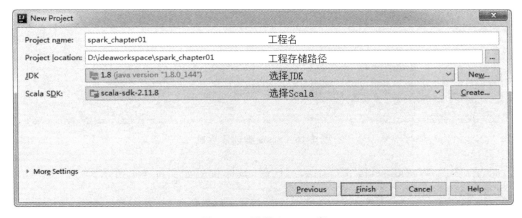

图 1-11　创建 Scala 工程

图 1-12　配置 Scala 工程

从图 1-12 中可以看出，Scala 工程已经配置好了，单击【Finish】按钮，完成 Scala 工程的创建，效果如图 1-13 所示。

从图 1-13 中可以看出，工程下面会有一些文件夹。.idea 文件夹，主要用来存放该工程的配置信息（如版本控制信息和历史记录等）；src 文件夹，主要是存放该工程的代码；External Libraries 文件夹，是用来存放相关的依赖项。

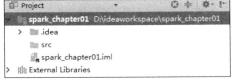

图 1-13　Scala 工程创建完成

（2）创建包。选中 src 文件夹，右击并选择【New】→【Package】→【OK】，效果如图 1-14 所示。

从图 1-14 中可以看出，包已经创建完成。

（3）创建 Scala 类。选中包名，右击并选择【New】→【Scala Class】，效果如图 1-15 所示。

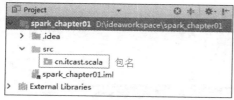

图 1-14 创建完包名

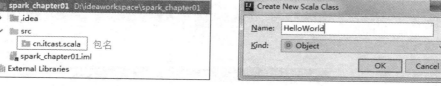

图 1-15 创建 Scala 类

在图 1-15 中，可创建的 Scala 类有三种类型，分别是 Class、Object 以及 Trait。此处选择创建 Object 类型，单击【OK】按钮，Scala 类创建完成，效果如图 1-16 所示。

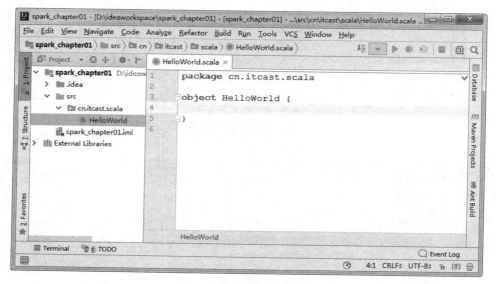

图 1-16 Scala 类创建完成

（4）在 HelloWorld. scala 文件中编写代码，具体代码如文件 1-1 所示。

文件 1-1 HelloWorld. scala

```
1  object HelloWorld {
2    def main(args: Array[String]) {
3      println("Hello, world!")
4    }
5  }
```

上述代码的内容分别是 Scala 类的主方法（即程序入口）和程序输出的结果。

运行文件 1-1 中的代码，控制台输出结果如图 1-17 所示。

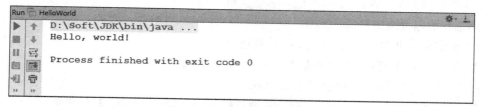

图 1-17 控制台输出的结果

值得一提的是,在实际开发过程中,开发者需要根据需求自行编写各种 Scala 程序,然后执行此程序。关于 Scala 的基础语法、数据结构、面向对象的特性以及模式匹配和样例类,将在后面的章节中进行详细讲解。

1.2　Scala 的基础语法

每种编程语言都有一套自己的语法规范,Scala 语言也不例外,同样需要遵守一定的语法规范。本节将针对 Scala 的基本语法进行介绍。

1.2.1　声明值和变量

Scala 有两种类型的变量,一种是使用关键字 var 声明的变量,值是可变的;另一种是使用关键字 val 声明的变量,也叫常量,值是不可变的。示例代码如下:

```
var myVar:String="Hello"        // 使用 var 声明变量 myVar
val age:Int=10                  // 使用 val 声明常量 age
```

这里需要说明的是,虽然声明值和变量的方式比较简单,但是有以下几个事项需要注意。

(1) Scala 中的变量在声明时必须进行初始化。不同的是,使用 var 声明的变量可以在初始化后再次对变量进行赋值,而使用 val 声明的常量的值不可被再次赋值。

(2) 声明变量时,可以不给出变量的类型,因为在初始化的时候,Scala 的类型推断机制能够根据变量初始化的值自动推断出来。

上述声明变量 myVar 和 age 的代码,等同于下列代码:

```
var myVar="Hello"              // 使用 var 声明变量 myVar
val age=10                     // 使用 val 声明常量 age
```

(3) 使用关键字 var 或 val 声明变量时,后面紧跟的变量名称不能和 Scala 中的保留字重名,而且变量名可以以字母或下画线开头,且变量名是严格区分大小写的。

1.2.2　数据类型

任何一种编程语言都有特定的数据类型,Scala 也不例外。与其他语言相比,Scala 中的所有值都属于某种类型,包括数值和函数。接下来,通过一张图来描述 Scala 数据类型的层次结构,具体如图 1-18 所示。

从图 1-18 可以看出,Any 是所有类型的超类型,也称为顶级类型,它包含两个直接子类,具体如下。

- AnyVal:表示值类型,值类型描述的数据是一个不为空的值,而不是一个对象。它预定义了 9 种类型,分别是 Double、Float、Long、Int、Short、Byte、Unit、Char 和 Boolean。其中,Unit 是一种不代表任何意义的值类型,它的作用类似 Java 中的 void。
- AnyRef:表示引用类型。除值类型外,所有类型都继承自 AnyRef。

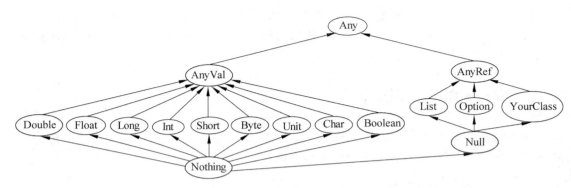

图 1-18   Scala 中数据类型的层次结构

在 Scala 数据类型层级结构的底部,还有两个数据类型,分别是 Nothing 和 Null,具体介绍如下。

- Nothing:所有类型的子类型,也称为底部类型。它常见的用途是发出终止信号,如抛出异常、退出程序或无限循环。
- Null:所有引用类型的子类型,它的主要用途是与其他 JVM 语言互操作,几乎不在 Scala 代码中使用。

1.2.3   算术和操作符重载

Scala 中算术操作符(+、-、*、/、%)的作用和 Java 是一样的,位操作符(&、|、>>、<<)的作用也是一样的。特别要强调的是,Scala 的这些操作符其实是方法。例如,a+b 其实是 a.+(b)的简写,接下来,通过 Scala 交互式 Shell 编程讲解操作符的使用,具体示例代码如下。

```
scala>val a=1
a: Int =1
scala>val b=2
b: Int =2
scala>a+b
res5: Int =3
scala>a.+(b)
res6: Int =3
```

上述代码中,a.+(b)中的符号+表示的是方法名。Scala 中的方法命名没有 Java 那么严格,几乎可以使用任何符号为 Scala 方法命名。

对于刚开始接触 Scala 的程序员来说,可能更倾向于使用 Java 语法风格。不过与 Java 中的操作符相比,Scala 有一个明显的不同之处,那就是 Scala 没有提供操作符++和--。如果想实现递增或者递减的效果,可以使用"+ =1"或者"- =1"这两种方式来实现。

1.2.4   控制结构语句

在 Scala 中,控制结构语句包括条件分支语句和循环语句。其中,条件分支语句有 if 语句、if…else 语句、if…else if…else 语句以及 if…else 嵌套语句;循环语句有 for 循环,while

循环和 do…while 循环。条件分支语句和循环语句的语法格式具体如下。

1. 条件分支语句

if 语句的语法格式如下：

```
if (布尔表达式){
    如果布尔表达式为 true,则执行该语句块
}
```

if…else 语句的语法格式如下：

```
if (布尔表达式){
    如果布尔表达式为 true,则执行该语句块
} else{
    如果布尔表达式为 false,则执行该语句块
}
```

if…else if…else 语句的语法格式如下：

```
if (布尔表达式 1){
    如果布尔表达式 1 为 true,则执行该语句块
} else if(布尔表达式 2){
    如果布尔表达式 2 为 true,则执行该语句块
} else if(布尔表达式 3){
    如果布尔表达式 3 为 true,则执行该语句块
} else {
    如果以上条件都为 false,则执行该语句块
}
```

if…else 嵌套语句的语法格式如下：

```
if (布尔表达式 1){
    如果布尔表达式 1 为 true,则执行该语句块
    if(布尔表达式 2){
        如果布尔表达式 2 为 true,则执行该语句块
    }
}else if (布尔表达式 3){
    如果布尔表达式 3 为 true,则执行该语句块
    else if (布尔表达式 4){
    如果布尔表达式 4 为 true,则执行该语句块
    }
}else{
    如果以上条件都为 false,则执行该语句块
}
```

接下来,通过一个判断变量值的案例来演示条件分支语句的使用。假设现在要判断一个变量是否等于 5,如果是 5,则打印出"a 的值为 5",如果不是 5,则判断该变量是否等于 10,如果是 10,则打印出"a 的值为 10",否则,打印出"无法判断 a 的值",示例代码如下：

```
scala>var a=5
a: Int =5
scala>if(a==5){
    | println("a 的值为 5")
    | }else if(a==10){
    | println("a 的值为 10")
    | }else{
    | println("无法判断 a 的值")
    | }
a 的值为 5
```

2. 循环语句

Scala 中的 for 循环语句和 Java 中的 for 循环语句在语法上有较大的区别,对于 Java 的 for 循环,这里不作赘述。接下来,介绍一下 Scala 中的 for 循环语句。

for 循环语句的语法格式如下:

```
for(变量<-表达式/数组/集合){
    循环语句;
}
```

下面,通过从 0 循环到 9,每循环一次将该值打印输出进行操作演示。在 Scala 语法中,可以使用"0 to 9"表示从 0 到 9 的范围,范围包含 9,示例代码如下:

```
scala>for(i<-0 to 9){
    | print(i+" ")
    | }
0 1 2 3 4 5 6 7 8 9
```

Scala 在 for 循环语句中可以通过使用 if 判断语句过滤一些元素,多个过滤条件用分号分隔开。例如,输出 0~9 范围中大于 5 的偶数,示例代码如下:

```
scala>for(i<-0 to 9;if i%2==0;if i>5){
    | print(i+" ")
    | }
6 8
```

Scala 中的 while 循环语句和 Java 中的完全一样,只要表达式为 true,循环体就会重复执行。Scala 中 while 循环语句的语法格式如下:

```
while(布尔表达式){
    循环语句;
}
```

下面,打印输出奇数的案例来演示 while 的使用。假设有一个变量 $x=1$,判断该变量是否小于 10,如果是则打印输出,然后再进行 +2 运算。示例代码如下:

```
scala>var x =1
x: Int =1
scala>while(x <10){
     | print(x+" ")
     | x +=2
     | }
1  3  5  7  9
```

do…while 循环语句的语法格式如下：

```
do{
    循环语句；
}while(布尔表达式)
```

do…while 循环语句与 while 语句主要区别是，do…while 语句的循环语句至少执行一次。接下来，通过数字递增案例演示 do…while 的使用。假设一个变量 $x=10$，先打印输出，然后进行＋1 运算，再判断该变量是否小于 20，如果是则进行循环。示例代码如下：

```
scala>var x =10
x: Int =10
scala>do{
     | print(x+" ")
     | x +=1
     | }
     | while(x <20)
10  11  12  13  14  15  16  17  18  19
```

1.2.5　方法和函数

Scala 和 Java 一样也有方法和函数。Scala 的方法是类的一部分，而函数是一个对象可以赋值给一个变量。换句话来说，在类中定义的函数即是方法。

Scala 中可以使用 def 语句和 val 语句定义函数，而定义方法只能使用 def 语句。下面分别讲解 Scala 的方法和函数。

1. 方法

Scala 方法的定义格式如下：

```
def functionName ([参数列表]):[return type]={
    function body
    return [expr]
}
```

从上面的代码可以看出，Scala 的方法是由多个部分组成的，具体如下。
- def：Scala 的关键字，并且是固定不变的，一个方法的定义是由 def 关键字开始的。
- functionName：Scala 方法的方法名。

- （[参数列表]）:[return type]：Scala 方法的可选参数列表,参数列表中的每个参数都有一个名字,参数名后跟着冒号和参数类型。
- function body：方法的主体。
- return [expr]：Scala 方法的返回类型,可以是任意合法的 Scala 数据类型。若没有返回值,则返回类型为 Unit。

下面,定义一个方法 add(),实现两个数相加求和,示例代码如下:

```
def add(a:Int,b:Int):Int={
    var sum:Int =0
    sum =a +b
    return sum
}
```

Scala 的方法调用的格式如下:

```
//没有使用实例的对象调用格式
functionName(参数列表)
//方法由实例的对象来调用,可以使用类似 java 的格式 (使用"."号)
[instance.]functionName(参数列表)
```

下面,在类 Test 中,定义一个方法 addInt(),实现两个整数相加求和。在这里,通过"类名.方法名(参数列表)"来进行调用,示例代码如下:

```
scala>:paste                        #多行输入模式的命令
// Entering paste mode (ctrl-D to finish)
object Test{
    def addInt(a:Int,b:Int):Int={
        var sum:Int=0
        sum=a+b
        return sum
    }
}
// Exiting paste mode, now interpreting.
defined object Test
scala>Test.addInt(4,5)
res0: Int =9
```

2. 函数

在 Scala 中,由于使用 def 语句定义以及调用函数的格式均与方法一样,因此,这里不作赘述。然而,Scala 函数与 Scala 方法也是有区别的,可以使用 val 语句定义函数的格式,并且函数必须要有参数列表,而方法可以没有参数列表。接下来,介绍使用 val 语句定义和调用函数的具体格式。

Scala 函数的定义格式如下:

```
val functionName = ([参数列表])=>function body
```

下面,定义一个函数 addInt,实现两个整数相加求和,示例代码如下:

```
val addInt = ( a:Int, b:Int ) =>a +  b
```

3. 方法转换成函数

方法转换成函数的格式如下:

```
val f1 =m _
```

在上述的格式中,方法名 m 后面紧跟一个空格和下画线,是为了告知编译器将方法 m 转换成函数,而不是要调用这个方法。下面,定义一个方法 m,实现将方法 m 转成函数,示例代码如下:

```
scala>def m(x:Int,y:Int):Int =x * y        #方法
m: (x: Int,y: Int)Int
scala>val f=m _
f:(Int,Int) =>Int =(function2)             #函数
}
```

小提示:

Scala 方法的返回值类型可以不写,编译器可以自动推断出来,但是对于递归函数来说,必须要指定返回类型。

1.3　Scala 的数据结构

在编写程序代码时,经常需要用到各种数据结构,选择合适的数据结构可以带来更高的运行或者存储效率,Scala 提供了许多数据结构,例如常见的数组、元组和集合等。

1.3.1　数组

对于每一门编程语言来说,数组(Array)都是重要的数据结构之一,主要用来存储数据类型相同的元素。下面,针对数组的定义与使用、数组遍历以及数组转换操作进行详细介绍。

1. 数组定义与使用

Scala 中的数组分为定长数组和变长数组,这两种数组的定义方式如下:

```
new Array[T](数组长度)         //定义定长数组
ArrayBuffer[T]()               //定义变长数组
```

　　上述语法格式中,定义定长数组,需要使用 new 关键字,而定义变长数组时,则需要导入包 import scala. collection. mutable. ArrayBuffer。[T]表示的是数组元素的类型,T 为泛型。

　　当定义好数组后,可以对数组进行追加、插入以及删除等操作。针对不同的数组操作,Array 提供了不同的 API。

　　下面,通过一个例子来演示 Scala 数组的简单使用,具体代码如文件 1-2 所示。

文件 1-2　ArrayDemo. scala

```scala
1   import scala.collection.mutable.ArrayBuffer
2   object ArrayDemo {
3       def main(args: Array[String]) {
4           //初始化一个长度为 8 的定长数组,其所有元素均为 0
5           val arr1 =new Array[Int](8)
6           //直接打印定长数组,内容为数组的 hashcode 值
7           println(arr1)
8           //变长数组(数组缓冲)
9           //如果使用数组缓冲,需要导入 import scala.collection.mutable.ArrayBuffer
10          val ab =ArrayBuffer[Int]()
11          //向数组缓冲的尾部追加一个元素
12          //+=尾部追加元素
13          ab +=1
14          println(ab)
15          //追加多个元素
16          ab +=(2, 3, 4, 5)
17          println(ab)
18          //追加一个数组++=
19          ab ++=Array(6, 7)
20          println(ab)
21          //追加一个数组缓冲
22          ab ++=ArrayBuffer(8,9)
23          println(ab)
24          //打印数组缓冲 ab
25          //在数组某个位置插入元素用 insert,从某下标插入
26          ab.insert(0, -1, 0)
27          println(ab)
28          //删除数组某个位置的元素用 remove 按照下标删除
29          ab.remove(0)
30          println(ab)
31      }
32  }
```

　　上述代码中,第 5~7 行代码定义了一个定长数组 arr1 并打印数组对象;第 10~30 行代码定义了一个变长数组 ab 并对数组对象进行了追加、插入和删除等操作。

　　运行文件 1-2 中的代码,控制台输出结果如图 1-19 所示。

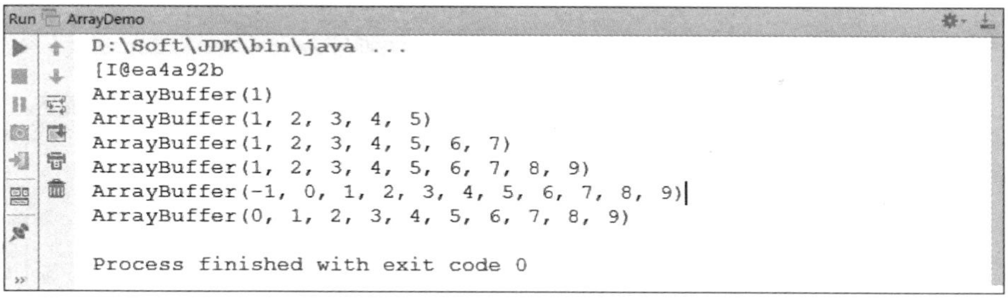

图 1-19　Scala 数组定义与使用的输出结果

2. 数组遍历

Scala 中，如果想要获取数组中的每一个元素，则需要将数组进行遍历操作。数组的遍历有 3 种方式，分别是 for 循环遍历、while 循环遍历以及 do…while 循环遍历。接下来使用 for 循环对数组进行遍历操作。具体代码如文件 1-3 所示。

文件 1-3　ArrayTraversal. scala

```
1   object ArrayTraversal {
2       def main(args: Array[String]) {
3           var myArr =Array(1.9, 2.9, 3.4, 3.5)
4           // 打印输出所有的数组元素
5           for (x <-myArr) {
6               print(x +" ")
7           }
8           //打印换行
9           println()
10          // 计算数组所有元素的总和
11          var total =0.0;
12          for (i <-0 to (myArr.length -1)) {
13              total +=myArr(i);
14          }
15          println("总和为 " +total);
16          // 查找数组中的最大元素
17          var max =myArr(0);
18          for (i <-1 to (myArr.length -1)) {
19              if (myArr(i) >max) max =myArr(i);
20          }
21          println("最大值为 " +max);
22      }
23  }
```

上述代码中，第 3～7 行代码定义了一个定长数组 myArr 并通过遍历打印该数组；第 11～15 行代码定义了一个变量 total 并赋值为 0.0，通过遍历计算数组所有元素的总和；第 17～21 行定义了一个变量 max 并赋值为数组 myArr 中的第一个元素，通过遍历查找出 myArr 数组中的最大元素。

运行文件 1-3 中的代码,控制台输出结果如图 1-20 所示。

```
Run    ArrayTraversal                                          ☼ - ⊥
▶  ↑   D:\Soft\JDK\bin\java ...
■  ↓   1.9 2.9 3.4 3.5
           总和为 11.7
■  ⊟      最大值为 3.5
⊡  ⊟
⊣  ⊞   Process finished with exit code 0
⊞  ⊞   |
⊞
✕
»
```

图 1-20   遍历数组的控制台打印输出

3. 数组转换

数组转换就是通过 yield 关键字将原始的数组进行转换,会产生一个新的数组,然而原始的数组保持不变。下面演示数组的转换,定义一个数组,实现将偶数取出乘以 10 后生成一个新的数组,具体代码如文件 1-4 所示。

文件 1-4   ArrayYieldTest. scala

```
1    object ArrayYieldTest {
2       def main(args: Array[String]) {
3          //定义一个数组
4          val arr = Array(1, 2, 3, 4, 5, 6, 7, 8, 9)
5          //将偶数取出乘以 10 后再生成一个新的数组
6          val newArr = for (e <- arr if e %2 ==0) yield e * 10
7          println(newArr.toBuffer)
8       }
9    }
```

上述代码中,第 4~7 行代码定义了一个定长数组 arr 并通过求偶和算术操作,将数组 arr 转换成一个新数组 newArr,最终打印 newArr 数组。

运行文件 1-4 中的代码,控制台输出结果如图 1-21 所示。

```
Run    ArrayYieldTest                                          ☼ - ⊥
▶  ↑   D:\Soft\JDK\bin\java ...
■  ↓   ArrayBuffer(20, 40, 60, 80)
■  ⊟
⊡  ⊟   Process finished with exit code 0
⊣  ⊞
⊞
⊞
»
```

图 1-21   数组转换的控制台输出

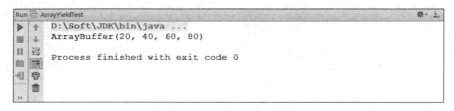 **多学一招:数组的拉链操作**

在 Scala 的元组中,可以通过使用 zip 命令将多个值绑定在一起。若两个数组的元素个数不一致,则拉链操作后生成的数组的长度为较小的那个数组的元素个数。下面,通过简单的例子演示如何进行拉链操作。例如,定义两个数组,分别是 scores 和 names,将这两个数

组捆绑在一起,具体代码如下:

```
scala>val scores =Array(88,95,80)
scores: Array[Int] =Array(88, 95, 80)
scala>val names =Array("zhangsan","lisi","wangwu")
names: Array[String] =Array(zhangsan, lisi, wangwu)
scala>names.zip(scores)
res5: Array[(String, Int)] =Array((zhangsan,88), (lisi,95), (wangwu,80))
```

1.3.2　元组

Scala 的元组是对多个不同类型对象的一种简单封装,它将不同的值用括号括起来,并用逗号作分隔,即表示元组。

1. 创建元组

创建元组的语法格式如下:

```
val tuple=(元素,元素…)
```

下面,通过简单的例子演示如何创建元组。例如,创建一个包含 String 类型、Double 类型以及 Int 类型的元组,具体代码如下:

```
scala>val tuple = ("itcast",3.14,65535)
tuple: (String, Double, Int) = (itcast,3.14,65535)
```

2. 获取元组中的值

在 Scala 中,获取元组中的值是通过下画线加脚标(如 tuple._1,tuple._2)来获取的,元组中的元素脚标是从 1 开始的。接下来,通过简单的例子演示如何获取元组中的值。例如,获取元组的第一个元素的值和第二个元素的值,具体代码如下:

```
scala>tuple._1              #获取第一个元素的值
res2: String =itcast
scala>tuple._2              #获取第二个元素的值
res3: Double =3.14
```

1.3.3　集合

在 Scala 中,集合有三大类:List、Set 和 Map,所有的集合都扩展自 Iterable 特质。Scala 集合分为可变的(mutable)和不可变(immutable)的集合。其中,可变集合可以在适当的地方被更新或扩展。这意味着,可以对集合元素进行修改、添加、移除;不可变集合,相比之下,初始化后就永远不会改变。不过,可以通过模拟来添加、移除或更新元素,但这些操作在每一种情况下都返回一个新的集合,同时保持原来的集合不变。

1. List

在 Scala 中,List 列表和数组类似,列表的所有元素都具有相同类型。然而,列表与数组不同的是,列表是不可变的(即列表的元素不能通过赋值来更改)。

定义不同类型列表 List,具体代码如下:

```scala
// 字符串
val fruit: List[String] = List("apples", "oranges", "pears")
// 整型
val nums: List[Int] = List(1, 2, 3, 4)
// 空
val empty: List[Nothing] = List()
// 二维列表
val dim: List[List[Int]] =
    List(
        List(1, 0, 0),
        List(0, 1, 0),
        List(0, 0, 1)
    )
```

上述定义列表的代码定义了字符串列表、整型列表、空列表以及二维列表。在 Scala 中,可以使用 Nil 和::操作符来定义列表。其中,Nil 表示空列表;::意为构造,向列表的头部追加数据,创造新列表。使用 Nil 和::操作符定义列表的代码如下:

```scala
// 字符串
val fruit = "apples":: ("oranges"::("pears"::Nil))
// 整型
val nums = 1::(2::(3::(4::Nil)))
// 空列表
val empty = Nil
// 二维列表
val dim = (1::(0::(0::Nil))) ::
        (0::(1::(0::Nil))) ::
        (0::(0::(1::Nil)))::Nil
```

列表 List 作为 Scala 中的数据结构之一,Scala 也提供了很多操作 List 的方法。接下来,列举一些操作 List 的常见方法,如表 1-1 所示。

表 1-1   Scala 中操作 List 的常见方法

方 法 名 称	相 关 说 明
head	获取列表第一个元素
tail	返回除第一个元素之外的所有元素组成的列表
isEmpty	若列表为空,则返回 true,否则返回 false
take	获取列表前 n 个元素
contains	判断是否包含指定元素

在表 1-1 中,列举了操作 List 列表的常见方法,如果读者想要学习更多操作 List 的方法,请参考 Scala 官网进行学习。下面,通过简单的例子演示如何操作 List 列表。例如,定义一个 fruit 列表,使用常见的方法对列表 fruit 进行相关的操作,具体代码如文件 1-5 所示。

文件 1-5　ListTest. scala

```
1    object ListTest{
2        def main(args: Array[String]) {
3            val fruit ="apples" :: ("oranges" :: ("pears" :: Nil))
4            val nums =Nil
5            println("Head of fruit : " +fruit.head)
6            println("Tail of fruit : " +fruit.tail)
7            println("Check if fruit is empty : " +fruit.isEmpty)
8            println("Check if nums is empty : " +nums.isEmpty)
9            println("Tail of fruit : " +fruit.take(2))
10           println("Contains of fruit : " +fruit.contains("apples"))
11       }
12   }
```

上述代码中,第 3~10 行代码定义了一个字符串列表 fruit 并进行相关操作,即获取该列表中的指定元素、判断列表是否为空以及判断列表是否包含指定元素等。

运行文件 1-5 中的代码,效果如图 1-22 所示。

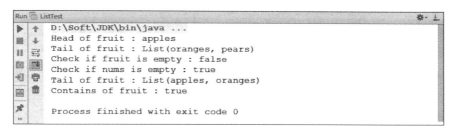

图 1-22　操作 List 列表的打印输出

2. Set

在 Scala 中,Set 是没有重复对象的集合,所有元素都是唯一的。默认情况下,Scala 使用不可变 Set 集合,若想使用可变的 Set 集合,则需要引入 scala. collection. mutable. Set 包。

定义 Set 集合的语法格式如下:

```
val set: Set[Int] =Set(1,2,3,4,5)
```

Scala 提供了很多操作 Set 集合的方法。接下来,列举一些操作 Set 集合的常见方法,如表 1-2 所示。

在表 1-2 中,列举了操作 Set 集合的常见方法,如果读者想要学习更多操作 Set 集合的方法,请参考 Scala 官网进行学习。

表 1-2　Scala 中操作 Set 集合的常见方法

方 法 名 称	相 关 说 明
head	获取 Set 集合的第一个元素
tail	返回除第一个元素之外的所有元素组成的 Set 集合
isEmpty	若 Set 集合为空,则返回 true,否则返回 false
take	获取 Set 集合前 n 个元素
contains	判断 Set 集合是否包含指定元素

接下来,定义一个 Set 集合 site,使用常见的方法对集合 site 进行相关操作,具体代码如文件 1-6 所示。

文件 1-6　SetTest. scala

```
1   object SetTest {
2     def main(args: Array[String]) {
3       val site = Set("Itcast", "Google", "Baidu")
4       val nums: Set[Int] = Set()
5       println("第一网站是 : " +site.head )
6       println("最后一个网站是 : " +site.tail )
7       println("查看集合 site 是否为空 : " +site.isEmpty )
8       println("查看 nums 是否为空 : " +nums.isEmpty )
9       println("查看 site 的前两个网站: " +site.take(2))
10      println("查看集合是否包含网站 Itcast : " +site.contains("Itcast"))
11    }
12  }
```

上述代码中,第 2~10 行代码是主方法 main(),在主方法中定义了两个 Set 集合 site 和 nums,并对集合 site 和 nums 进行相关操作,即获取集合中的指定元素、判断集合是否为空以及判断集合是否包含指定元素等。

运行文件 1-6 中的代码,效果如图 1-23 所示。

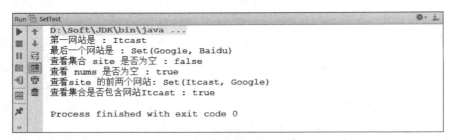

图 1-23　操作 Set 集合的打印输出

3. Map

在 Scala 中,Map 是一种可迭代的键值对(key/value)结构,并且键是唯一的,值不一定是唯一的,所有的值都是通过键来获取的。Map 中所有元素的键与值都存在一种对应关系,这种关系即为映射。Map 有两种类型,可变与不可变,区别在于可变对象可修改,而不可变对象不可修改。在 Scala 中,可以同时使用可变与不可变 Map ,默认使用不可变 Map。若需要使用可变的 Map 集合,则需要引入 import scala.collection.mutable.Map 类。

定义 Map 集合的语法格式如下:

```
var A:Map[Char,Int]=Map(键 ->值,键 ->值…)          //Map 键值对,键为 Char,值为 Int
```

Scala 也提供了很多操作 Map 集合的方法。接下来,列举一些操作 Map 集合的常见方法,如表 1-3 所示。

表 1-3　Scala 中操作 Map 集合的常见方法

方 法 名 称	相 关 说 明
()	根据某个键查找对应的值,类似于 Java 中的 get()
contains()	检查 Map 中是否包含某个指定的键
getOrElse()	判断是否包含键,若包含返回对应的值,否则返回其他的值
keys	返回 Map 所有的键(key)
values	返回 Map 所有的值(value)
isEmpty	Map 为空时,返回 true

在表 1-3 中,列举了常见的操作 Map 集合的方法,如果读者想要学习更多操作 Map 集合的方法,请参考 Scala 官网进行学习。

接下来,定义一个 Map 集合 colors,使用 Map 常见的方法对集合 colors 进行相关的操作,具体代码如文件 1-7 所示。

文件 1-7　MapTest.scala

```
1   object MapTest{
2     def main(args: Array[String]) {
3       val colors =Map("red" ->"#FF0000",
4       "azure" ->"#F0FFFF",
5       "peru" ->"#CD853F")
6       val peruColors=if(colors.contains("peru")) colors("peru") else 0
7       val azureColor =colors.getOrElse("azure",0)
8       println("获取 colors 中键为 red 的值:"+colors("red"))
9       println("获取 colors 中所有的键 : " +colors.keys)
10      println("获取 colors 中所有的值 : " +colors.values)
11      println("检测 colors 是否为空 : " +colors.isEmpty)
12      println("判断 colors 是否包含键 peru 包含则返回对应值,否则返回 0:"+peruColors)
13      println("判断 colors 是否包含键 azure,包含则获取对应值,否则返回 0:"+azureColor)
14      }
15  }
```

上述代码中,第 2～13 行代码是主方法 main(),在主方法中定义了一个 Map 集合

colors，并对集合 colors 进行相关操作，即获取该集合中的指定键的值、判断集合是否为空以及判断集合是否包含指定键等。

运行文件 1-7 中的代码，效果如图 1-24 所示。

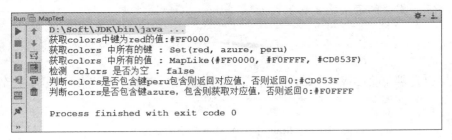

图 1-24　操作 Map 集合的打印输出

1.4　Scala 面向对象的特性

Scala 是一种面向对象的语言，并且运行在 JVM 中。接下来，针对 Scala 面向对象的特性进行详细讲解。

1.4.1　类与对象

无论是在 Scala 中还是 Java 中，类都是对象的抽象，而对象都是类的具体实例；类不占用内存，而对象占用存储空间。由于面向对象的核心是对象，若想要在应用程序中使用对象，就必须先创建一个类。类是用来描述一组对象的共同特征和行为的。

创建类的语法格式如下：

```
class 类名[参数列表]
```

上述语法格式中，关键字 class 主要用于创建类。[参数列表]表示 Scala 中类定义可以有参数，也可以无参数，若有参数则称为类参数。需要注意的是，Scala 中的类不需要关键字 public 声明为公共的，并且一个 Scala 源文件中可以拥有多个类。

当类创建好之后，若是想要访问类中的方法和字段，就需要创建一个对象。

创建对象的语法格式如下：

```
val 对象名称 = new 类名();
```

上述语法格式中，关键字 new 主要用于创建类的实例对象。

下面创建一个 Point 类，并在类中定义两个字段 x 和 y 以及一个没有返回值的 move()方法，使用 Point 类的实例对象来访问类中的方法和字段，代码如文件 1-8 所示。

文件 1-8　ClassTest.scala

```
1    class Point(xc: Int, yc: Int) {
2        var x: Int = xc
3        var y: Int = yc
```

```
4        def move(dx: Int, dy: Int) {
5            x = x + dx
6            y = y + dy
7            println ("x 的坐标点: " + x);
8            println ("y 的坐标点: " + y);
9        }
10   }
11   object ClassTest {
12       def main(args: Array[String]) {
13           val pt = new Point(10, 20);
14           // 移到一个新的位置
15           pt.move(10, 10);
16       }
17   }
```

上述代码中,第 1~10 行代码是创建了一个 Point 类,并在类中定义了两个字段 x,y 以及一个方法 move();第 12~15 行代码是主方法 main(),即程序的入口,在主方法中创建类的实例对象 pt,使用该对象访问类中方法 move() 和字段的操作;第 11 行代码中的 object 这里不作介绍,在后面的小节中会进行介绍。

运行文件 1-8 中的代码,效果如图 1-25 所示。

图 1-25　实例对象访问类中方法和字段的运行结果

1.4.2 继承

Scala 只允许继承一个父类,并且子类可以继承父类中的所有属性和方法,但是子类不可以直接访问父类中的私有属性和方法。

在 Scala 子类继承父类的时候,需要注意以下几点。

(1) 如果子类要重写一个父类中的非抽象方法,则必须使用 override 关键字,否则会出现语法错误。

(2) 如果子类要重写父类中的抽象方法,则不需要使用 override 关键字。

下面,创建一个 Point 类和一个 Location 类,并且 Location 类继承 Point 类,演示子类 Location 重写父类 Point 中的字段,具体代码如文件 1-9 所示。

文件 1-9 ExtendsTest.scala

```
1    class Point(val xc: Int, val yc: Int) {
2        var x: Int = xc
3        var y: Int = yc
```

```
4        def move(dx: Int, dy: Int) {
5            x = x +dx
6            y = y +dy
7            println ("x 的坐标点 : " +x);
8            println ("y 的坐标点 : " +y);
9        }
10   }
11   class Location(override val xc: Int, override val yc: Int,
12                                        val zc :Int) extends Point(xc, yc){
13       var z: Int =zc
14       def move(dx: Int, dy: Int, dz: Int) {
15           x = x +dx
16           y = y +dy
17           z = z +dz
18           println ("x 的坐标点 : " +x);
19           println ("y 的坐标点 : " +y);
20           println ("z 的坐标点 : " +z);
21       }
22   }
23   object ExtendsTest {
24       def main(args: Array[String]) {
25           val loc =new Location(10, 20, 15);
26           // 移到一个新的位置
27           loc.move(10, 10, 5);
28       }
29   }
```

上述代码中,第 1~10 行代码是创建了一个 Point 类,并在类中定义了两个字段 x,y 以及一个方法 move();第 11~22 行代码是创建了一个 Location 类,继承 Point 类并重写 Point 类的字段,在 Location 类中定义了 3 个字段 x、y、z 以及一个方法 move();第 24~27 行代码是主方法 main(),并在主方法中创建 Location 的实例对象 loc,使用该对象访问子类中的 move()方法。

运行文件 1-9 中的代码,效果如图 1-26 所示。

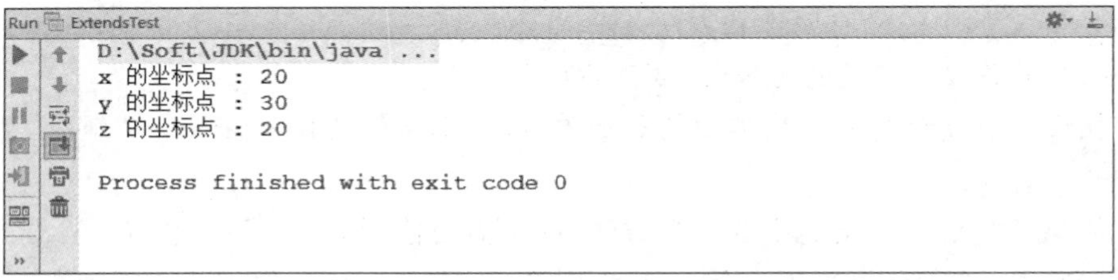

图 1-26   子类重写父类字段的运行结果

1.4.3   单例对象和伴生对象

在 Scala 中,没有静态方法或静态字段,所以不能直接用类名访问类中的方法和字段,而是通过创建类的实例对象去访问类中的方法和字段。但是,Scala 中提供了 object 这个关键字用来实现单例模式,使用关键字 object 创建的对象为单例对象。

创建单例对象的语法格式如下:

```
object objectName
```

上述语法格式中,关键字 object 主要用于创建单例对象;objectName 为单例对象的名称。

下面,创建一个单例对象 SingletonObject,代码如文件 1-10 所示。

文件 1-10　Singleton. scala

```
1    //单例对象
2    object SingletonObject {
3        def hello() {
4            println("Hello, This is Singleton Object")
5        }
6    }
7    object Singleton {
8        def main(args: Array[String]) {
9            SingletonObject.hello()
10        }
11    }
```

上述代码中,第 2~4 行代码是创建了一个单例对象 SingletonObject,并在该对象中定义了一个方法 hello();第 8~9 行代码是主方法 main(),并在主方法中使用单例对象访问自己的方法 hello()。

运行文件 1-10 中的代码,效果如图 1-27 所示。

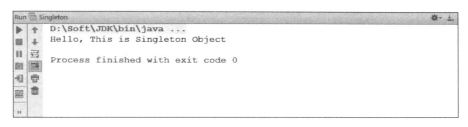

图 1-27　单例对象的运行结果

在 Scala 中,在一个源文件中有一个类和一个单例对象,若单例对象名与类名相同,则把这个单例对象称作伴生对象(companion object);这个类则被称为是单例对象的伴生类(companion class)。类和伴生对象之间可以相互访问私有的方法和字段。

下面,定义一个伴生对象 Dog,演示如何操作类中的私有方法和字段。具体代码如文件 1-11 所示。

文件 1-11　Dog. scala

```
1    class Dog {
2        val id = 666
3        private var name = "二哈"
```

```
4        def printName(): Unit = {
5            //在 Dog 类中可以访问伴生对象 Dog 的私有字段
6            println(Dog.CONSTANT +name)
7        }
8    }
9    //伴生对象
10   object Dog{
11       //伴生对象中的私有字段
12       private var CONSTANT ="汪汪汪。。。"
13       //主方法
14       def main(args: Array[String]): Unit ={
15           val dog =new Dog
16           //访问私有的字段 name
17           dog.name ="二哈 666"
18           dog.printName()
19       }
20   }
```

上述代码中，第 1～6 行代码是创建了一个类 Dog，并在该类中定义了两个字段 id、name 以及一个方法 printName()；第 10～18 行代码是创建一个伴生对象 Dog，并在该对象中定义一个字段 CONSTANT，在主方法 main 中，创建 Dog 类的实例对象，再使用实例对象访问类中的字段和方法。

运行文件 1-11 中的代码，效果如图 1-28 所示。

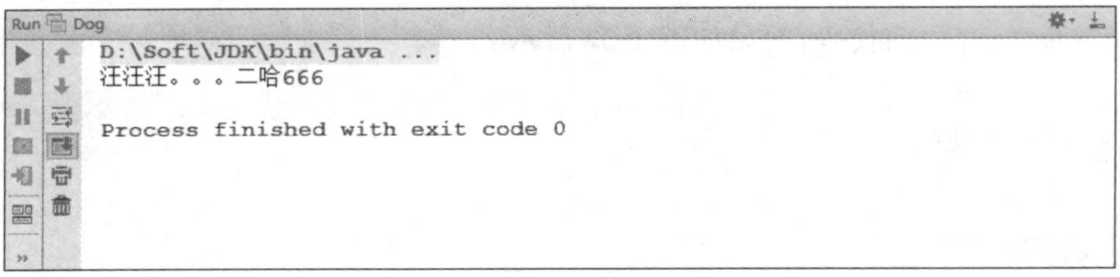

图 1-28   伴生对象访问类中方法和字段的运行结果

1.4.4   特质

在 Scala 中，Trait(特质)的功能类似于 Java 中的接口，但 Trait 的功能比 Java 中的接口强大。例如，Trait 可以对定义字段和方法进行实现，而接口却不能。Scala 中的 Trait 可以被类和对象(Objects)使用关键字 extends 来继承。

创建特质的语法格式如下：

```
trait traitName
```

上述语法格式中，关键字 trait 主要用于创建特质；traitName 为特质的名称。

下面，创建一个特质 Animal，演示类继承特质并访问特质中方法的操作。具体代码如文件 1-12 所示。

文件 1-12　People. scala

```scala
1   trait Animal {
2       //没有实现
3       def speak()
4       def listen(): Unit = {
5       }
6       def run(): Unit = {
7           println("I'm running")
8       }
9   }
10  class People extends Animal {
11      override def speak(): Unit = {
12          println("I'm speaking English")
13      }
14  }
15  object People{
16      def main(args: Array[String]): Unit = {
17          var people = new People
18          people.speak()
19          people.listen()
20          people.run()
21      }
22  }
```

上述代码中,第 1~7 行代码创建了一个特质 Animal,并在该特质中定义了 3 个方法 speak()、listen()和 run();第 10~12 行代码创建了一个类 People 并继承特质 Animal,重写特质中的方法 speak();第 15~20 行代码是主方法 main(),在主方法中创建 People 类的实例对象 people,再使用实例对象访问特质 Animal 中的方法。

运行文件 1-12 中的代码,效果如图 1-29 所示。

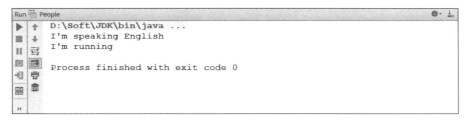

图 1-29　类继承特质并访问特质中方法的运行结果

1.5　Scala 的模式匹配与样例类

Scala 提供了强大的模式匹配机制,最常见的模式匹配就是 match 语句,主要应用于从多个分支中进行选择的场景。不仅如此,Scala 还提供了样例类,它可以对模式匹配进行优化,提高匹配的速率。接下来,针对 Scala 提供的模式匹配和样例类进行详细讲解。

1.5.1　模式匹配

Scala 中的模式匹配是由 match case 组成,它类似于 Java 中的 switch case,即对一个值进行条件判断,针对不同的条件,进行不同的处理。

模式匹配的语法格式如下:

```
表达式 match {
    case 模式 1 =>语句 1
    case 模式 2 =>语句 2
    case 模式 3 =>语句 3
}
```

上述语法格式中,match 关键字主要用来描述一个表达式,位于表达式位置的后面;case 关键字主要用来描述和表达式结果进行比较后的模式,若发现有一个模式可以与表达式结果进行匹配,则执行所匹配模式对应的语句,而剩下的模式就不会继续进行匹配。

下面,定义一个方法 matchTest(),方法的参数是一个整型字段,而方法的调用则是对参数进行模式匹配,若参数匹配的是 1,则打印输出 one;若参数匹配的是 2,则打印输出 two;若参数匹配的是_,则打印输出 many,具体实现代码如文件 1-13 所示。

文件 1-13　PatternMatch. scala

```
1   object PatternMatch{
2       def main(args: Array[String]) {
3           println(matchTest(3))
4       }
5       //模式匹配
6       def matchTest(x: Int): String =x match {
7           case 1 =>"one"
8           case 2 =>"two"
9           case _ =>"many"
10      }
11  }
```

在文件 1-13 中,第 3 行代码调用了 matchTest()方法,传入的参数是 3,此时,与 case _进行匹配,由于 case _对应的执行语句是打印输出 many,所以控制台会输出 many,控制台的输出结果如图 1-30 所示。

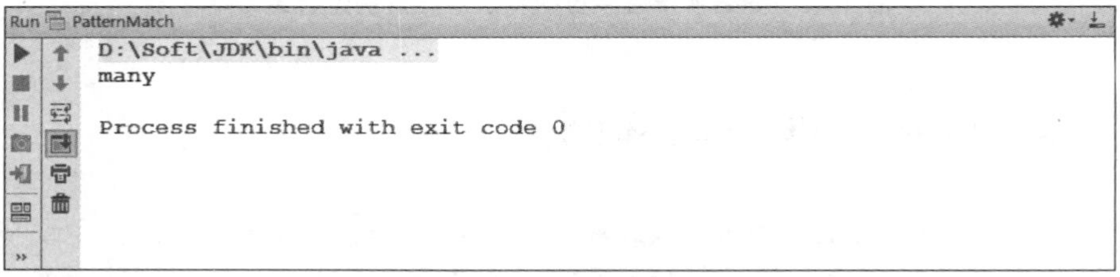

图 1-30　模式匹配操作控制台输出的结果

1.5.2　样例类

在 Scala 中,使用 case 关键字来定义的类被称为样例类。样例类是一种特殊的类,经过优化可以被用于模式匹配。下面,使用 case 定义样例类 Person,并将该样例类应用到模式匹配中,具体代码如文件 1-14 所示。

文件 1-14　CaseClass. scala

```
1    object CaseClass {
2        // 样例类
3        case class Person(name: String, age: Int)
4        def main(args: Array[String]) {
5            val alice = new Person("Alice", 25)
6            val bob = new Person("Bob", 32)
7            val charlie = new Person("Charlie", 32)
8            for (person <- List(alice, bob, charlie)) {
9                //模式匹配
10               person match {
11                   case Person("Alice", 25) => println("Hi Alice!")
12                   case Person("Bob", 32) => println("Hi Bob!")
13                   case Person(name, age) =>
14                           println("Name: " + name + "\t" + "Age: " + age)
15               }
16           }
17       }
18   }
```

上述代码中,第 3 行代码创建了一个样例类 Person;第 4～14 行代码是主方法 main(),在主方法中创建了样例类 Person 的 3 个实例对象 alice、bob 和 charlie,并通过模式匹配将实例对象与样例类 Person 进行匹配,从而进行不同的处理。

运行文件 1-14 中的代码,效果如图 1-31 所示。

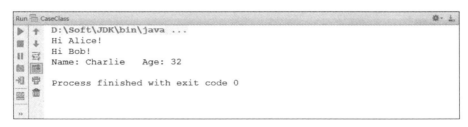

图 1-31　样例类的运行结果

1.6　本章小结

本章主要介绍什么是 Scala 以及 Scala 编程的相关知识,即 Scala 的安装、基础语法、数据结构、面向对象的特性以及模式匹配和样例类。希望读者通过本章的学习,可以掌握 Scala 编程的方法,因为学好 Scala,可以帮助我们更好地掌握 Spark 框架。

1.7 课后习题

一、填空题

1. Scala 语言的特性包含_____、函数式编程的、_____、可扩展的、_____。
2. 在 Scala 数据类型层级结构的底部有两个数据类型,分别是 _____和_____。
3. 在 Scala 中,声明变量的关键字有_____和_____。
4. 在 Scala 中,获取元组中的值是通过_____来获取的。
5. 在 Scala 中,模式匹配是由关键字_____和_____组成的。

二、判断题

1. 安装 Scala 之前必须配置 JDK。   (   )
2. Scala 语言是一种面向过程编程的语言。   (   )
3. 在 Scala 中,使用关键字 var 声明的变量,值是不可变的。   (   )
4. 在 Scala 中定义变长数组时,需要导入可变数组包。   (   )
5. Scala 语言和 Java 语言一样,都有静态方法或静态字段。   (   )

三、选择题

1. 下列选项中,哪个是 Scala 编译后文件的扩展名?(   )
   A. .class   B. .bash   C. .pyc   D. .sc
2. 下列方法中,哪个方法可以正确计算数组 arr 的长度?(   )
   A. count ()   B. take ()   C. tail ()   D. length ()
3. 下列关于 List 的定义,哪个是错误的?(   )
   A. val list = List(1,22,3)   B. val list = List("Hello","Scala")
   C. val list : String = List("A","B")   D. val list = List[Int](1,2,3)

四、编程题

1. 编写 Scala 程序,实现以下功能:
   (1) 获取列表中的前 5 个元素。
   (2) 判断列表中是否包含元素 0。
   提示:假设列表是 var list = List(1,3,2,5,4,7,8,6,9,0)
2. 编写 Scala 程序,计算 100~999 的所有的水仙花数。
   提示:这里水仙花数指严格意义上的水仙花数,即若一个数满足这个数等于它的百位数、十位数、个位数的立方和,那么这个数就是水仙花数。

第 2 章

Spark基础

学习目标

- 掌握 Spark 集群的搭建和配置方法。
- 掌握 Spark HA 集群的搭建和配置方法。
- 掌握 Spark 集群架构。
- 理解 Spark 作业提交的工作原理。

Spark 是一个可应用于大规模数据处理的统一分析引擎,它不仅计算速度快,而且内置了丰富的 API,使得我们能够更加容易编写程序。接下来,本章将从 Spark 的发展说起,针对 Spark 集群部署、Spark 运行架构及其原理进行详细讲解。

2.1 初识 Spark

2.1.1 Spark 概述

Spark 在 2013 年加入 Apache 孵化器项目,之后发展迅猛,并于 2014 年正式成为 Apache 软件基金会的顶级项目。Spark 从最初研发到最终成为 Apache 的顶级项目,其发展的整个过程仅用了 5 年时间。

目前,Spark 生态系统已经发展成为一个可应用于大规模数据处理的统一分析引擎,它是基于内存计算的大数据并行计算框架,适用于各种各样的分布式平台系统。在 Spark 生态圈中包含了 Spark SQL、Spark Streaming、GraphX、MLlib 等组件,这些组件可以非常容易地把各种处理流程整合在一起,而这样的整合,在实际数据分析过程中是很有意义的。不仅如此,Spark 的这种特性还大大减轻了原先需要对各种平台分别管理的依赖负担。下面,通过一张图描述 Spark 的生态系统,具体如图 2-1 所示。

通过图 2-1 可以看出,Spark 生态系统主要包含 Spark Core、Spark SQL、Spark Streaming、MLlib、GraphX 以及独立调度器,下面对上述组件进行一一介绍。

(1) Spark Core:Spark 核心组件,它实现了 Spark 的基本功能,包含任务调度、内存管理、错误恢复、与存储系统交互等模块。Spark Core 中还包含了对弹性分布式数据集(Resilient Distributed Datasets,RDD)的 API 定义,RDD 是只读的分区记录的集合,只能基于在稳定物理存储中的数据集和其他已有的 RDD 上执行确定性操作来创建。

(2) Spark SQL:用来操作结构化数据的核心组件,通过 Spark SQL 可以直接查询

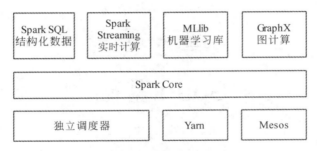

图 2-1   Spark 生态系统

Hive、HBase 等多种外部数据源中的数据。Spark SQL 的重要特点是能够统一处理关系表和 RDD。在处理结构化数据时,开发人员无须编写 MapReduce 程序,直接使用 SQL 命令就能完成更加复杂的数据查询操作。

(3) Spark Streaming:Spark 提供的流式计算框架,支持高吞吐量、可容错处理的实时流式数据处理,其核心原理是将流数据分解成一系列短小的批处理作业,每个短小的批处理作业都可以使用 Spark Core 进行快速处理。Spark Streaming 支持多种数据源,如 Kafka、Flume 以及 TCP 套接字等。

(4) MLlib:Spark 提供的关于机器学习功能的算法程序库,包括分类、回归、聚类、协同过滤算法等,还提供了模型评估、数据导入等额外的功能,开发人员只需了解一定的机器学习算法知识就能进行机器学习方面的开发,降低了学习成本。

(5) GraphX:Spark 提供的分布式图处理框架,拥有图计算和图挖掘算法的 API 接口以及丰富的功能和运算符,极大地方便了对分布式图的处理需求,能在海量数据上运行复杂的图算法。

(6) 独立调度器、Yarn、Mesos:Spark 框架可以高效地在一个到数千个节点之间伸缩计算,集群管理器则主要负责各个节点的资源管理工作,为了实现这样的要求,同时获得最大的灵活性,Spark 支持在各种集群管理器(Cluster Manager)上运行,Hadoop Yarn、Apache Mesos 以及 Spark 自带的独立调度器都被称为集群管理器。

Spark 生态系统各个组件关系密切,并且可以相互调用,这样设计具有以下显著优势。

(1) Spark 生态系统包含的所有程序库和高级组件都可以从 Spark 核心引擎的改进中获益。

(2) 不需要运行多套独立的软件系统,能够大大减少运行整个系统的资源代价。

(3) 能够无缝整合各个系统,构建不同处理模型的应用。

综上所述,Spark 框架对大数据的支持从内存计算、实时处理到交互式查询,进而发展到图计算和机器学习模块。Spark 生态系统广泛的技术面,一方面挑战占据大数据市场份额最大的 Hadoop,另一方面又随时准备迎接后起之秀 Flink、Kafka 等计算框架的挑战,从而使 Spark 在大数据领域更好地发展。

2.1.2   Spark 的特点

Spark 计算框架在处理数据时,所有的中间数据都保存在内存中。正是由于 Spark 充分利用内存对数据进行计算,从而减少磁盘读写操作,提高了框架计算效率。同时 Spark 还兼容 HDFS、Hive，可以很好地与 Hadoop 系统融合，从而弥补 MapReduce 高延迟的性能缺点。所以说，Spark 是一个更加快速、高效的大数据计算平台。

Spark 具有以下几个显著的特点。

1. 速度快

根据官方数据统计，与 Hadoop 相比，Spark 基于内存的运算效率要快 100 倍以上，基于硬盘的运算效率也要快 10 倍以上。Spark 实现了高效的 DAG 执行引擎，能够通过内存计算高效地处理数据流。

2. 易用性

Spark 编程支持 Java、Python、Scala 及 R 语言，并且还拥有超过 80 种高级算法，除此之外，Spark 还支持交互式的 Shell 操作，开发人员可以方便地在 Shell 客户端中使用 Spark 集群解决问题。

3. 通用性

Spark 提供了统一的解决方案，适用于批处理、交互式查询（Spark SQL）、实时流处理（Spark Streaming）、机器学习（Spark MLlib）和图计算（GraphX），它们可以在同一个应用程序中无缝地结合使用，大大减少大数据开发和维护的人力成本和部署平台的物力成本。

4. 兼容性

Spark 可以运行在 Hadoop 模式、Mesos 模式、Standalone 独立模式或 Cloud 中，并且还可以访问各种数据源，包括本地文件系统、HDFS、Cassandra、HBase 和 Hive 等。

2.1.3　Spark 应用场景

在数据科学应用中，数据工程师可以利用 Spark 进行数据分析与建模，由于 Spark 具有良好的易用性，数据工程师只需要具备一定的 SQL 语言基础、统计学、机器学习等方面的经验，以及使用 Python、Matlab 或者 R 语言的基础编程能力，就可以使用 Spark 进行上述工作。

在数据处理应用中，大数据工程师将 Spark 技术应用于广告、报表、推荐系统等业务中，在广告业务中，利用 Spark 系统进行应用分析、效果分析、定向优化等业务，在推荐系统业务中，利用 Spark 内置的机器学习算法训练模型数据，进行个性化推荐及热点点击分析等业务。

Spark 拥有完整而强大的技术栈，如今已吸引了国内外各大公司的研发与使用，如某电商网站的技术团队使用 Spark 来解决多次迭代的机器学习算法、高计算复杂度的算法等，应用于商品推荐、社区发现等功能。互联网公司的大数据精准推荐借助 Spark 快速迭代的优势，实现了在"数据实时采集、算法实时训练、系统实时预测"的全流程实时并行高维算法，最终成功应用于广点通投放系统上。视频网站则将 Spark 应用于视频推荐（图计算）、广告等业务的研发与拓展，相信在将来，Spark 会在更多的应用场景中发挥重要作用。

2.1.4　Spark 与 Hadoop 对比

Hadoop 与 Spark 都是大数据计算框架,但是两者各有自己的优势,Spark 与 Hadoop 的区别主要有以下几点。

1.编程方式

Hadoop 的 MapReduce 在计算数据时,计算过程必须要转化为 Map 和 Reduce 两个过程,从而难以描述复杂的数据处理过程;而 Spark 的计算模型不局限于 Map 和 Reduce 操作,还提供了多种数据集的操作类型,编程模型比 MapReduce 更加灵活。

2.数据存储

Hadoop 的 MapReduce 进行计算时,每次产生的中间结果都是存储在本地磁盘中;而 Spark 在计算时产生的中间结果存储在内存中。

3.数据处理

Hadoop 在每次执行数据处理时,都需要从磁盘中加载数据,导致磁盘的 I/O 开销较大;而 Spark 在执行数据处理时,只需要将数据加载到内存中,之后直接在内存中加载中间结果数据集即可,减少了磁盘的 I/O 开销。

4.数据容错

MapReduce 计算的中间结果数据保存在磁盘中,并且 Hadoop 框架底层实现了备份机制,从而保证了数据容错;同样 Spark RDD 实现了基于 Lineage 的容错机制和设置检查点的容错机制,弥补了数据在内存处理时断电丢失的问题。关于 Spark 容错机制将会在第 3 章 Spark RDD 弹性分布式数据集中详细讲解。

在 Spark 与 Hadoop 的性能对比中,较为明显的缺陷是 Hadoop 中的 MapReduce 计算延迟较高,无法胜任当下爆发式的数据增长所要求的实时、快速计算的需求。接下来,通过图 2-2 来详细讲解这一原因。

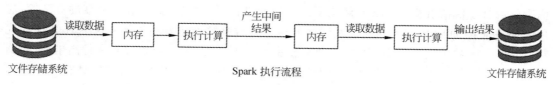

图 2-2　Hadoop 与 Spark 执行流程

从图 2-2 可以看出,使用 Hadoop MapReduce 进行计算时,每次计算产生的中间结果都需要从磁盘中读取并写入,大大增加了磁盘的 I/O 开销,而使用 Spark 进行计算时,需要先将磁盘中的数据读取到内存中,产生的数据不再写入磁盘,直接在内存中迭代处理,这样就避免了从磁盘中频繁读取数据造成的不必要开销。通过官方计算测试,Hadoop 与 Spark 执行逻辑回归所需的时间对比,如图 2-3 所示。

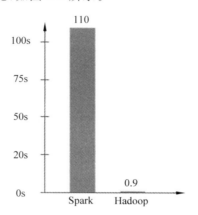

图 2-3　**Hadoop 与 Spark 执行逻辑回归时间对比**

从图 2-3 可以看出,Hadoop 与 Spark 执行所需时间相差超过 100 倍。

2.2　搭建 Spark 开发环境

搭建 Spark 环境是开展 Spark 编程的基础。在深入学习 Spark 编程之前需要先搭建 Spark 开发环境,接下来,本节讲解 Spark 开发环境的搭建。

2.2.1　环境准备

由于 Spark 仅仅是一种计算框架,不负责数据的存储和管理,因此,通常都会将 Spark 和 Hadoop 进行统一部署,由 Hadoop 中的 HDFS、HBase 等组件负责数据的存储管理,Spark 负责数据计算。

安装 Spark 集群之前,需要安装 Hadoop 环境,本教材采用如下配置环境。

* Linux 系统:CentOS_6.7 版本;
* Hadoop:2.7.4 版本;
* JDK:1.8 版本;
* Spark:2.3.2 版本。

关于 Hadoop 开发环境的安装不是本教材的重点,如果有读者未安装,请参考《Hadoop 大数据技术原理与应用》(ISBN:978-7-302-52440-3)一书完成 Hadoop 环境的安装。

2.2.2　Spark 的部署方式

Spark 部署模式分为 Local 模式(本地单机模式)和集群模式,在 Local 模式下,常用于本地开发程序与测试,而集群模式又分为 Standalone 模式(集群单机模式)、Yarn 模式和

Mesos 模式,关于这 3 种集群模式的具体介绍如下。

1. Standalone 模式

Standalone 模式被称为集群单机模式。Spark 框架与 Hadoop1.0 版本框架类似,本身都自带了完整的资源调度管理服务,可以独立部署到一个集群中,无须依赖任何其他的资源管理系统,在该模式下,Spark 集群架构为主从模式,即一台 Master 节点与多台 Slave 节点,Slave 节点启动的进程名称为 Worker,此时集群会存在单点故障问题,后续将在 Spark HA 集群部署小节讲解利用 Zookeeper 解决单点问题的方案。

2. Yarn 模式

Yarn 模式被称为 Spark on Yarn 模式,即把 Spark 作为一个客户端,将作业提交给 Yarn 服务,由于在生产环境中,很多时候都要与 Hadoop 使用同一个集群,因此采用 Yarn 来管理资源调度,可以有效提高资源利用率,Yarn 模式又分为 Yarn Cluster 模式和 Yarn Client 模式,具体介绍如下。

(1) Yarn Cluster:用于生产环境,所有的资源调度和计算都在集群上运行。

(2) Yarn Client:用于交互、调试环境。

3. Mesos 模式

Mesos 模式被称为 Spark on Mesos 模式,Mesos 与 Yarn 同样是一款资源调度管理系统,可以为 Spark 提供服务,由于 Spark 与 Mesos 存在密切的关系,因此在设计 Spark 框架时充分考虑到了对 Mesos 的集成,但如果同时运行 Hadoop 和 Spark,从兼容性的角度来看,Spark on Yarn 是更好的选择。

上述 3 种分布式部署方案各有利弊,通常需要根据实际情况决定采用哪种方案。由于学习阶段是在虚拟机环境下模拟小规模集群,因此可以考虑选择 Standalone 模式。

2.2.3 Spark 集群安装部署

本书将以图 2-4 所示的 Spark 集群为例,阐述 Standalone 模式下,Spark 集群的安装与配置方式。

从图 2-4 可以看出,要规划的 Spark 集群包含一台 Master 节点和两台 Slave 节点。其中,主机名 hadoop01 是 Master 节点,hadoop02 和 hadoop03 是 Slave 节点。

接下来,分步骤演示 Spark 集群的安装与配置,具体如下。

1. 下载 Spark 安装包

Spark 是 Apache 基金会面向全球开源的产品之一,任何用户都可以从 Apache Spark 官网下载使用。本书截稿时,Spark 最新且稳定的版本是 2.3.2,所以本书将以 Spark2.3.2 版本为例介绍 Spark 的安装。Spark 安装

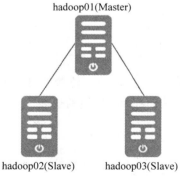

hadoop01(Master)

hadoop02(Slave)   hadoop03(Slave)

图 2-4 Spark 集群

包下载页面如图 2-5 所示。

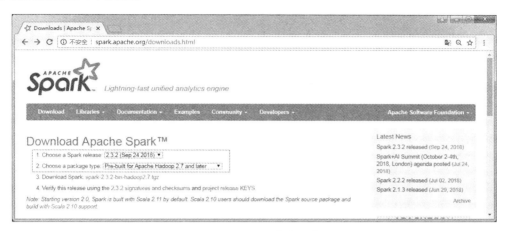

图 2-5　Spark 安装包下载

进入 Spark 下载页面，选择基于 Pre-built for Apache Hadoop 2.7 and later 的 Spark 2.3.2 版本，这样做的目的是保证 Spark 版本与本书安装的 Hadoop 版本对应。

2. 解压 Spark 安装包

首先将下载的 spark-2.3.2-bin-hadoop2.7.tgz 安装包上传到主节点 hadoop01 的 /export/software 目录下，然后解压到/export/servers/目录，解压命令如下。

```
$tar -zxvf spark-2.3.2-bin-hadoop2.7.tgz -C /export/servers/
```

为了便于后面的操作，使用 mv 命令将 Spark 的目录重命名为 spark，命令如下。

```
$mv spark-2.3.2-bin-hadoop2.7/ spark
```

3. 修改配置文件

（1）进入 spark/conf 目录修改 Spark 的配置文件 spark-env.sh，将 spark-env.sh. template 配置模板文件复制一份并命名为 spark-env.sh，具体命令如下。

```
$cp spark-env.sh.template spark-env.sh
```

修改 spark-env.sh 文件，在该文件中添加以下内容：

```
#配置 java 环境变量
export JAVA_HOME=/export/servers/jdk
#指定 Master 的 IP
export SPARK_MASTER_HOST=hadoop01
#指定 Master 的端口
export SPARK_MASTER_PORT=7077
```

　　上述添加的配置参数主要包括 JDK 环境变量、Master 节点的 IP 地址和 Master 端口号,由于当前节点服务器已经在/etc/hosts 文件配置了 IP 和主机名的映射关系,因此可以直接填写主机名。

　　(2) 复制 slaves. template 文件,并重命名为 slaves,具体命令如下。

```
$ cp slaves.template slaves
```

　　(3) 通过"vi slaves"命令编辑 slaves 配置文件,主要是指定 Spark 集群中的从节点 IP,由于在 hosts 文件中已经配置了 IP 和主机名的映射关系,因此直接使用主机名代替 IP,添加内容如下。

```
hadoop02
hadoop03
```

　　上述添加的内容,代表集群中的从节点为 hadoop02 和 hadoop03。

4. 分发文件

　　修改完成配置文件后,将 spark 目录分发至 hadoop02 和 hadoop03 节点,具体命令如下。

```
$ scp -r /export/servers/spark/ hadoop02:/export/servers/
$ scp -r /export/servers/spark/ hadoop03:/export/servers/
```

　　至此,Spark 集群配置完成了。

5. 启动 Spark 集群

　　Spark 集群的启动方式和启动 Hadoop 集群方式类似,直接使用 spark/sbin/start-all. sh 脚本即可,在 spark 根目录下执行下列命令:

```
$ sbin/start-all.sh
```

　　执行命令后,如果没有提示异常错误信息则表示启动成功,如图 2-6 所示。

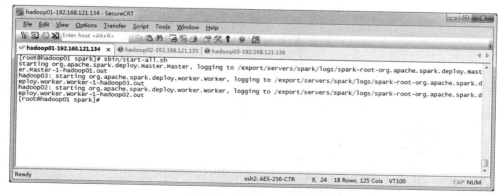

图 2-6　启动 Spark 集群

启动成功后,使用 jps 命令查看进程,如图 2-7 所示。

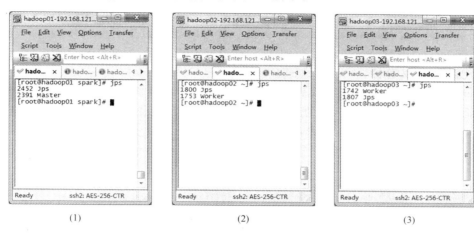

(1)　　　　　　　　　　(2)　　　　　　　　　　(3)

图 2-7　查看集群进程

从图 2-7 可以看出,当前主机 hadoop01 启动了 Master 进程,hadoop02 和 hadoop03 启动了 Worker 进程,访问 Spark 管理界面 https://hadoop01:8080 来查看集群状态(主节点),Spark 集群管理界面如图 2-8 所示。

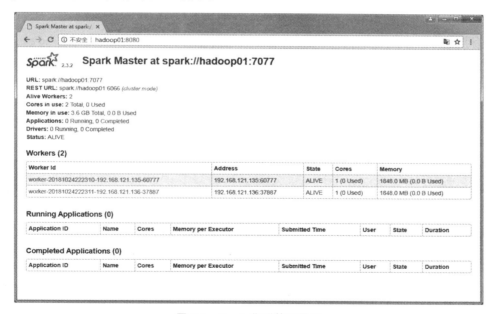

图 2-8　Spark 集群管理界面

至此,Spark 集群安装完毕,为了在任何路径下都可以执行 Spark 脚本程序,可以通过执行“vi /etc/profile”命令编辑 profile 文件,并在文件中配置 Spark 环境变量即可,这里就不再演示。

2.2.4　Spark HA 集群部署

在上一节的分析讲到,Spark Standalone 集群是主从架构的集群模式,因此同样存在单点故障问题,解决这个问题就需要用到 Zookeeper 服务,其基本原理是将 Standalone 集群连接到同一个 Zookeeper 实例并启动多个 Master 节点,利用 Zookeeper 提供的选举和状态保存功能,可以使一台 Master 节点被选举,另外一台 Master 节点处于 Standby 状态。当活跃的 Master 发生故障时,Standby 状态的 Master 就会被激活,然后恢复集群调度,整个恢复过程可能需要 1~2 分钟。

Spark HA 方案配置简单,首先启动一个 Zookeeper 集群,然后在不同节点上启动 Master 服务,需要注意的是,启动的节点必须与 Zookeeper 配置时保持相同,如果有读者未安装 Zookeeper 集群,请参考《Hadoop 大数据技术原理与应用》一书完成 Zookeeper 集群环境的安装及配置,下面仅提供当前虚拟机中修改后的 Zookeeper 核心配置文件,如文件 2-1 所示。

文件 2-1 zoo.cfg

```
1  tickTime=2000
2  initLimit=10
3  syncLimit=5
4  dataDir=/export/data/zookeeper/zkdata
5  clientPort=2181
6  server.1=hadoop01:2888:3888
7  server.2=hadoop02:2888:3888
8  server.3=hadoop03:2888:3888
```

接下来,分步骤讲解配置 Spark HA 集群的操作方式。

1. 修改 spark-env.sh 配置文件

在 spark-env.sh 文件中,将指定 Master 节点的配置参数注释,即在 SPARK_MASTER_HOST 配置参数前加#,表示注释当前行,添加 SPARK_DAEMON_JAVA_OPTS 配置参数,具体内容如下。

```
#指定 Master 的 IP
#export SPARK_MASTER_HOST=hadoop01
#指定 Master 的端口
export SPARK_MASTER_PORT=7077
export SPARK_DAEMON_JAVA_OPTS="-Dspark.deploy.recoveryMode=ZOOKEEPER
-Dspark.deploy.zookeeper.url=hadoop01:2181,hadoop02:2181,hadoop03:2181
-Dspark.deploy.zookeeper.dir=/spark"
```

关于上述参数的具体说明如下所示:

(1) spark.deploy.recoveryMode:设置 Zookeeper 去启动备用 Master 模式。

(2) spark.deploy.zookeeper.url:指定 ZooKeeper 的 Server 地址。

(3) spark.deploy.zookeeper.dir:保存集群元数据信息的文件和目录。

配置完成后,将 spark-env.sh 分发至 hadoop02 和 hadoop03 节点上,保证配置文件统一,命令如下。

```
$scp spark-env.sh hadoop02:/export/servers/spark/conf
$scp spark-env.sh hadoop03:/export/servers/spark/conf
```

2. 启动 Spark HA 集群

在普通模式下启动 Spark 集群，只需要通过/spark/sbin/start-all.sh 一键启动脚本即可。然而，在高可用模式下启动 Spark 集群，首先需要启动 Zookeeper 集群，然后在任意一台主节点上执行 start-all.sh 命令启动 Spark 集群，最后在另外一台主节点上单独启动 Master 服务。具体步骤如下。

（1）启动 Zookeeper 服务。

依次在 3 台节点上启动 Zookeeper，命令如下。

```
$zkServer.sh start
```

（2）启动 Spark 集群。

在 hadoop01 主节点使用一键启动脚本启动，命令如下。

```
$/export/servers/spark/sbin/start-all.sh
```

（3）单独启动 Master 节点。

在 hadoop02 节点上再次启动 Master 服务，命令如下。

```
$/export/servers/spark/sbin/start-master.sh
```

启动成功后，通过浏览器访问 https://hadoop02:8080，查看备用 Master 节点的状态，如图 2-9 所示。

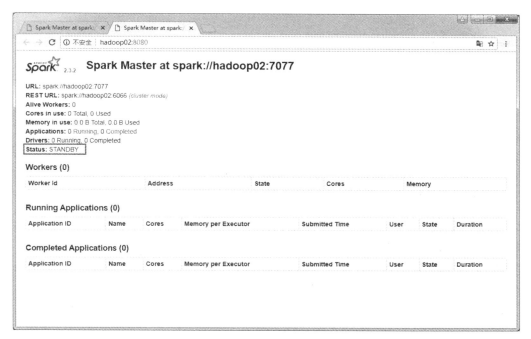

图 2-9　启动 Spark HA 集群

通过图 2-9 可以看出,hadoop02 节点的状态为 STANDBY,说明 Spark HA 配置完毕。

3. 测试 Spark HA 集群

Spark HA 集群启动完毕后,为了演示是否解决了单点故障问题,可以关闭在 hadoop01 节点中的 Master 进程,用来模拟在生产环境中 hadoop01 突然宕机,命令如下所示。

```
$/export/servers/spark/sbin/stop-master.sh
```

执行命令后,通过浏览器查看 http://hadoop01:8080,发现已经无法通过 hadoop01 节点访问 Spark 集群管理界面。经过 1~2 分钟后,刷新 http://hadoop02:8080 页面,可以发现 hadoop02 节点中的 Status 值更改为 ALIVE,Spark 集群恢复正常,说明 Spark HA 配置有效解决了单点故障问题,具体如图 2-10 所示。

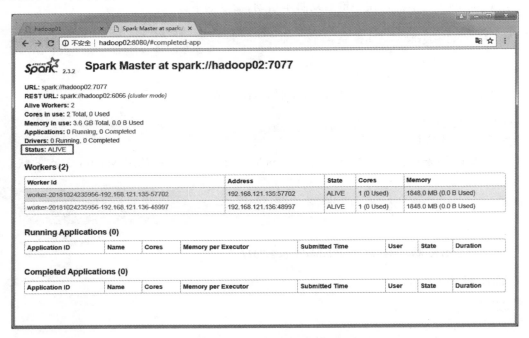

图 2-10　验证 Spark HA 集群

📖 多学一招:脚本启动 Zookeeper 集群

在集群中启动 Zookeeper 服务时,需要依次在 3 台服务器上执行启动命令,然而在实际工作应用中,集群数量并非 3 台,当遇到数十台甚至更多的服务器时,就不得不编写脚本来启动服务了,编写脚本的语言有多种,这里采用 Shell 语言开发一键启动 Zookeeper 服务脚本,使用 vi 创建 start_zk.sh 文件,如文件 2-2 所示。

文件 2-2　start_zk.sh

```
#!/bin/sh
for host in hadoop01 hadoop02 hadoop03
```

```
do
        ssh $host "source /etc/profile;zkServer.sh start"
        echo "$host zk is running"
done
```

执行该文件只需要输入 sh start_zk.sh 即可启动集群中的 Zookeeper 服务。

2.3　Spark 运行架构与原理

2.3.1　基本概念

在学习 Spark 运行架构与工作原理之前,首先需要了解几个重要的概念和术语。

(1) Application(应用):Spark 上运行的应用。Application 中包含了一个驱动器 (Driver)进程和集群上的多个执行器(Executor)进程。

(2) DriverProgram(驱动器):运行 main()方法并创建 SparkContext 的进程。

(3) ClusterManager(集群管理器):用于在集群上申请资源的外部服务(如独立部署的 集群管理器、Mesos 或者 Yarn)。

(4) WorkerNode(工作节点):集群上运行应用程序代码的任意一个节点。

(5) Executor(执行器):在集群工作节点上为某个应用启动的工作进程,该进程负责运 行计算任务,并为应用程序存储数据。

(6) Task(任务):执行器的工作单元。

(7) Job(作业):一个并行计算作业,由一组任务(Task)组成,并由 Spark 的行动 (Action)算子(如 save、collect)触发启动。

(8) Stage(阶段):每个 Job 可以划分为更小的 Task 集合,每组任务被称为 Stage。

2.3.2　Spark 集群运行架构

Spark 是基于内存计算的大数据并行计算框架,比 MapReduce 计算框架具有更高的实 时性,同时具有高效容错性和可伸缩性,在学习 Spark 操作之前,首先介绍 Spark 运行架构, 如图 2-11 所示。

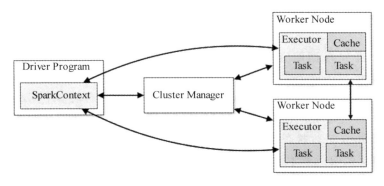

图 2-11　Spark 运行架构

在图 2-11 中,Spark 应用在集群上运行时,包括了多个独立的进程,这些进程之间通过驱动程序(Driver Program)中的 SparkContext 对象进行协调,SparkContext 对象能够与多种集群资源管理器(Cluster Manager)通信,一旦与集群资源管理器连接,Spark 会为该应用在各个集群节点上申请执行器(Executor),用于执行计算任务和存储数据。Spark 将应用程序代码发送给所申请到的执行器,SparkContext 对象将分割出的任务(Task)发送给各个执行器去运行。

需要注意的是,每个 Spark 应用程序都有其对应的多个执行器进程。执行器进程在整个应用程序生命周期内,都保持运行状态,并以多线程方式执行任务。这样做的好处是,执行器进程可以隔离每个 Spark 应用。从调度角度来看,每个驱动器可以独立调度本应用程序的内部任务。从执行器角度来看,不同 Spark 应用对应的任务将会在不同的 JVM 中运行。然而这样的架构也有缺点,多个 Spark 应用程序之间无法共享数据,除非把数据写到外部存储结构中。

Spark 对底层的集群管理器一无所知,只要 Spark 能够申请到执行器进程,能与之通信即可。这种实现方式可以使 Spark 比较容易地在多种集群管理器上运行,如 Mesos、Yarn。

驱动器程序在整个生命周期内必须监听并接受其对应的各个执行器的连接请求,因此,驱动器程序必须能够被所有 Worker 节点访问到。

因为集群上的任务是由驱动器来调度的,所以驱动器应该和 Worker 节点距离近一些,最好在同一个本地局域网中,如果需要远程对集群发起请求,最好还是在驱动器节点上启动 RPC 服务响应这些远程请求,同时把驱动器本身放在离集群 Worker 节点比较近的机器。

2.3.3　Spark 运行基本流程

通过上一节了解到,Spark 运行架构主要由 SparkContext、Cluster Manager 和 Worker 组成,其中 Cluster Manager 负责整个集群的统一资源管理,Worker 节点中的 Executor 是应用执行的主要进程,内部含有多个 Task 线程以及内存空间,下面通过图 2-12 深入了解 Spark 运行的基本流程。

(1) 当一个 Spark 应用被提交时,根据提交参数在相应位置创建 Driver 进程,Driver 进程根据配置参数信息初始化 SparkContext 对象,即 Spark 运行环境,由 SparkContext 负责和 Cluster Manager 的通信以及资源的申请、任务的分配和监控等。SparkContext 启动后,创建 DAG Scheduler(将 DAG 图分解成 Stage)和 Task Scheduler(提交和监控 Task)两个调度模块。

(2) Driver 进程根据配置参数向 Cluster Manager 申请资源(主要是用来执行的 Executor),Cluster Manager 接收到应用(Application)的注册请求后,会使用自己的资源调度算法,在 Spark 集群的 Worker 节点上,通知 Worker 为应用启动多个 Executor。

(3) Executor 创建后,会向 Cluster Manager 进行资源及状态的反馈,便于 Cluster Manager 对 Executor 进行状态监控,如果监控到 Executor 失败,则会立刻重新创建。

(4) Executor 会向 SparkContext 反向注册申请 Task。

(5) Task Scheduler 将 Task 发送给 Worker 进程中的 Executor 运行并提供应用程序代码。

(6) 当程序执行完毕后写入数据,Driver 向 Cluster Manager 注销申请的资源。

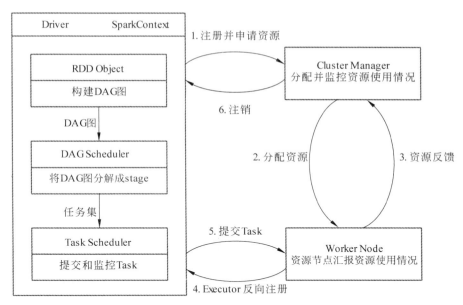

图 2-12　**Spark** 运行基本流程图

2.4　体验第一个 Spark 程序

Spark 集群已经部署完毕，接下来使用 Spark 官方示例 SparkPi 体验 Spark 集群提交任务的流程。首先进入 spark 目录，执行命令如下。

```
bin/spark-submit \
--class org.apache.spark.examples.SparkPi \
--master spark://hadoop01:7077 \
--executor-memory 1G \
--total-executor-cores 1 \
examples/jars/spark-examples_2.11-2.3.2.jar \
10
```

上述命令参数表示含义如下。

（1）--master spark：//hadoop01：7077：指定 Master 的地址是 hadoop01 节点；

（2）--executor-memory 1G：指定每个 executor 的可用内存为 1GB；

（3）--total-executor-cores 1：指定每个 executor 使用的 CPU 核心数为 1 个。

按 Enter 键提交 Spark 作业，观察 Spark 集群管理界面，如图 2-13 所示。

在图 2-13 中，Running Applications 列表表示当前 Spark 集群正在计算的作业，执行几秒后，刷新界面，如图 2-14 所示。

从图 2-14 可以看出，在 Completed Applications 表单下，当前应用执行完毕，返回控制台查看输出信息，如图 2-15 所示。

从图 2-15 可以看出，Pi 值已经被计算完毕，即 Pi is roughly 3.140691140691141。

在高可用模式提交任务时，可能涉及多个 Master，所以对于应用程序的提交就发生了

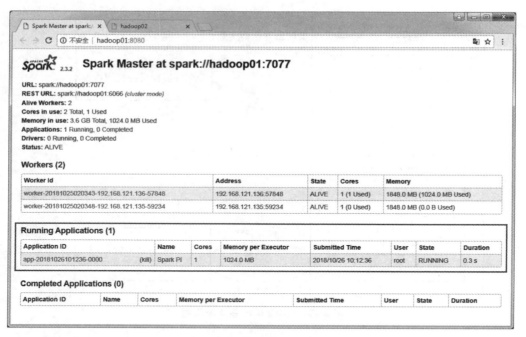

图 2-13　查看 Spark 正在执行的应用

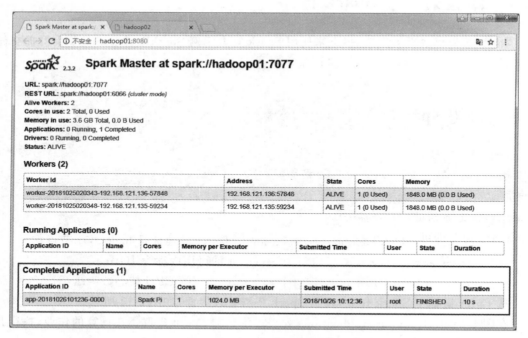

图 2-14　查看执行完毕的应用

一些变化，因为应用程序需要知道当前的 Master 的 IP 地址和端口，为了解决这个问题，只需要在 SparkContext 指向一个 Master 列表，执行提交任务的命令如下。

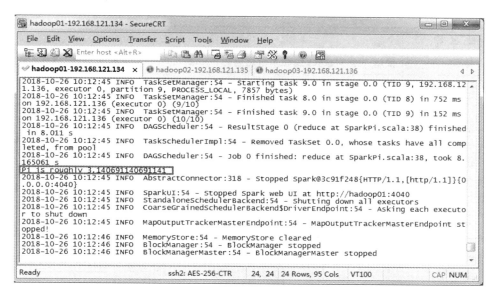

图 2-15　使用 Spark 计算圆周率

```
bin/spark-submit \
--class org.apache.spark.examples.SparkPi \
--master spark://hadoop01:7077,hadoop02:7077,hadoop03:7077 \
--executor-memory 1G \
--total-executor-cores 1 \
examples/jars/spark-examples_2.11-2.3.2.jar \
10
```

2.5　启动 Spark-Shell

Spark-Shell 是一个强大的交互式数据分析工具，初学者可以很好地使用它来学习相关 API，用户可以在命令行下使用 Scala 编写 Spark 程序，并且每当输入一条语句，Spark-Shell 就会立即执行语句并返回结果，这就是 REPL（Read-Eval-Print Loop，交互式解释器），Spark-Shell 支持 Scala 和 Python，如果需要进入 Python 语言的交互式执行环境，只需要执行 pyspark 命令即可。

2.5.1　运行 Spark-Shell 命令

在 spark/bin 目录中，执行 Spark-Shell 命令就可以进入 Spark-Shell 交互式环境，具体执行命令如下。

```
$bin/spark-shell --master <master-url>
```

上述命令中，--master 表示指定当前连接的 Master 节点，＜master-url＞用于指定 Spark 的运行模式，master-url 可取的参数值如表 2-1 所示。

表 2-1 master-url 参数列表

参 数 名 称	功 能 描 述
local	使用一个 Worker 线程本地化运行 Spark
local[*]	本地运行 Spark，其工作线程数量与本机 CPU 逻辑核心数量相同
local[N]	使用 N 个 Worker 线程本地化运行 Spark（根据运行机器的 CPU 核数设定）
spark：//host：port	在 Standalone 模式下，连接到指定的 Spark 集群，默认端口号是 7077
yarn-client	以客户端模式连接 Yarn 集群，集群的位置可以在 HADOOP_CONF_DIR 环境变量中配置
yarn-cluster	以集群模式连接 Yarn 集群，集群的位置可以在 HADOOP_CONF_DIR 环境变量中配置
mesos：//host：port	连接到指定的 Mesos 集群，默认端口号是 5050

如需查询 Spark-Shell 的更多使用方式可以执行"--help 命令"获取帮助选项列表，如图 2-16 所示。

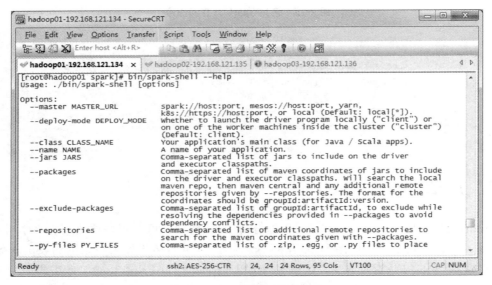

图 2-16 Spark-Shell 帮助命令

2.5.2 运行 Spark-Shell 读取 HDFS 文件

下面通过启动 Spark-Shell，并且使用 Scala 语言开发单词计数的 Spark 程序，现有文本文件 words. txt（读者需要在本地创建文件并上传至指定目录）在 HDFS 中的/spark/test 路径下，且文本内容如下。

```
hello hadoop
hello spark
hellp itcast
```

如果使用 Spark-Shell 来读取 HDFS 中的/spark/test/ words. txt 文件,具体步骤如下。

1. 整合 Spark 与 HDFS

Spark 加载 HDFS 上的文件,需要修改 spark-env. sh 配置文件,添加 HADOOP_CONF_
DIR 配置参数,指定 Hadoop 配置文件的目录,添加配置参数如下。

```
#指定 HDFS 配置文件目录
export HADOOP_CONF_DIR=/export/servers/hadoop-2.7.4/etc/hadoop
```

2. 启动 Hadoop、Spark 服务

配置完毕后,启动 Hadoop 集群服务,并重新启动 Spark 集群服务,使配置文件生效。

3. 启动 Spark-Shell 编写程序

启动 Spark-Shell 交互式界面,执行命令如下。

```
$bin/spark-shell --master local[2]
```

执行上述命令,Spark-Shell 启动成功后,就会进入如图 2-17 所示的程序交互界面。

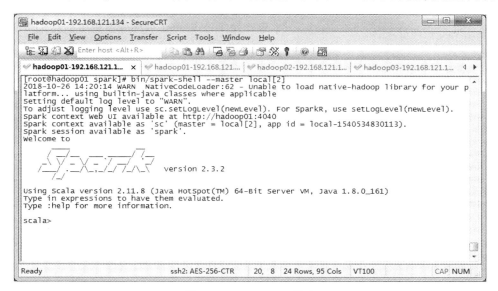

图 2-17　Spark-Shell 模式

Spark-Shell 本身就是一个 Driver,它会初始化一个 SparkContext 对象为 sc,用户可以
直接调用。下面编写 Scala 代码实现单词计数,具体代码如下。

```
scala >sc.textFile("/spark/test/words.txt").
      flatMap(_.split(" ")).map((_,1)).reduceByKey(_+_).collect
res0: Array[(String, Int)] =Array((itcast,1), (hello,3), (spark,1), (hadoop,1))
```

上述代码中，res0 表示返回的结果对象，该对象中是一个 Array[(String,Int)] 类型的集合，(itcast,1) 则表示 itcast 单词总计为 1 个。

4. 退出 Spark-Shell 客户端

可以使用命令：quit 退出 Spark-Shell，代码如下所示。

```
scala >: quit
```

也可以使用快捷键 Ctrl+D 退出 Spark-Shell。

2.6　IDEA 开发 WordCount 程序

Spark-Shell 通常在测试和验证程序时使用较多，在生产环境中，通常会在 IDEA 开发工具中编写程序，然后打成 Jar 包，最后提交到集群中执行。本节将利用 IDEA 工具开发一个 WordCount 单词计数程序。

2.6.1　以本地模式执行 Spark 程序

Spark 作业与 MapReduce 作业同样可以先在本地开发测试，本地执行模式与集群提交模式的业务功能的代码相同，因此本书大多数采用本地开发模式。下面讲解使用 IDEA 工具在

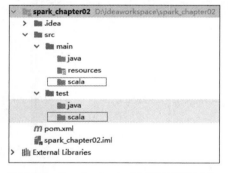

图 2-18　Spark_chapter02 项目目录结构

本地开发 WordCount 单词计数程序的相关步骤。

1. 创建 Maven 项目，新建资源文件夹

创建一个 Maven 工程项目，命名为 spark_chapter02。项目创建好后，在 main 和 test 目录下分别创建一个名为 scala 的文件夹，创建好的目录结构如图 2-18 所示。

在图 2-18 中，选中 main 目录下的 scala 文件夹，右击选择【Mark Directory as】→【Sources Root】，将文件夹标记为资源文件夹类型；同样地，选中 test 目录下的 scala 文件夹，右击选择【Mark Directory as】→【Test Sources Root】，将文件夹标记为测试资源文件夹类型。其中，资源文件夹中存放项目源码文件，测试文件夹中存放开发中测试的源码文件。

2. 添加 Spark 的相关依赖和打包插件

Maven 是一个项目管理工具，虽然刚才创建好了项目，但是却不能识别 Spark 类，因此，需要将 Spark 相关的依赖添加到 Maven 项目中。打开 pom.xml 文件，在该文件中添加的依赖如下所示：

```
1    <!--设置依赖版本号-->
2        <properties>
3            <scala.version>2.11.8</scala.version>
```

```
4            <hadoop.version>2.7.4</hadoop.version>
5            <spark.version>2.3.2</spark.version>
6        </properties>
7        <dependencies>
8            <!--Scala-->
9            <dependency>
10               <groupId>org.scala-lang</groupId>
11               <artifactId>scala-library</artifactId>
12               <version>${scala.version}</version>
13           </dependency>
14           <!--Spark-->
15           <dependency>
16               <groupId>org.apache.spark</groupId>
17               <artifactId>spark-core_2.11</artifactId>
18               <version>${spark.version}</version>
19           </dependency>
20           <!--Hadoop-->
21           <dependency>
22               <groupId>org.apache.hadoop</groupId>
23               <artifactId>hadoop-client</artifactId>
24               <version>${hadoop.version}</version>
25           </dependency>
26       </dependencies>
```

在上述配置参数片段中,<properties>标签用来设置所需依赖的版本号,其中在
<dependencies>标签中添加了 Scala、Hadoop 和 Spark 相关的依赖,设置完毕后,相关 Jar
文件会被自动加载到项目中。

3. 编写代码,查看结果

在 main 目录下的 scala 文件夹中,创建 WordCount. scala 文件用于词频统计,代码如文
件 2-3 所示。

文件 2-3　WordCount. scala

```
1    import org.apache.spark.rdd.RDD
2    import org.apache.spark.{SparkConf, SparkContext}
3    //编写单词计数
4    object WordCount {
5        def main(args: Array[String]): Unit = {
6            //1.创建 SparkConf 对象,设置 appName 和 Master 地址
7            val sparkconf =new
8                SparkConf().setAppName("WordCount").setMaster("local[2]")
9            //2.创建 SparkContext 对象,它是所有任务计算的源头
10           // 它会创建 DAGScheduler 和 TaskScheduler
11           val sparkContext =new SparkContext(sparkconf)
12           //3.读取数据文件,RDD 可以简单地理解为是一个集合
13           // 集合中存放的元素是 String 类型
14           val data : RDD[String] =
```

```
15                                  sparkContext.textFile("D:\\word\\words.txt")
16          //4.切分每一行,获取所有的单词
17          val words :RDD[String] =data.flatMap(_.split(" "))
18          //5.每个单词记为 1,转换为(单词,1)
19          val wordAndOne :RDD[(String, Int)] =words.map(x => (x,1))
20          //6.相同单词汇总,前一个下画线表示累加数据,后一个下画线表示新数据
21          val result: RDD[(String, Int)] =wordAndOne.reduceByKey(_+_)
22          //7.收集打印结果数据
23          val finalResult: Array[(String, Int)] =result.collect()
24          println(finalResult.toBuffer)
25          //8.关闭 sparkContext 对象
26          sparkContext.stop()
27       }
28   }
```

上述代码中,第 7~11 行代码创建 SparkContext 对象并通过 SparkConf 对象设置配置参数,其中 Master 为本地模式,即可以在本地直接运行;第 14~24 行代码中,读取数据文件,将获得的数据按照空格切分,将每个单词记作(单词,1),之后若出现相同的单词就将次数累加,最终打印数据结果;第 26 行代码表示关闭 SparkContext 对象资源。执行代码成功后,在控制台可以查看输出结果,如图 2-19 所示。

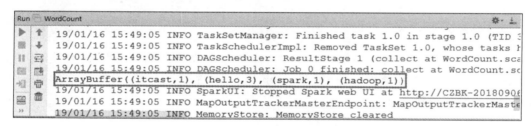

图 2-19　IDEA 开发 WordCount

从图 2-19 可以看出,文本中的单词已经成功统计了出现的次数。

2.6.2　集群模式执行 Spark 程序

集群模式是指将 Spark 程序提交至 Spark 集群中执行,由 Spark 集群负责资源的调度,程序会被框架分发到集群中的节点上并发地执行。下面分步骤介绍如何在集群模式下执行 Spark 程序。

1. 添加打包插件

在实际工作应用中,代码编写完成后,需要将程序打包,上传至服务器运行,因此还需要向 pom. xml 文件中添加所需插件,具体配置参数如下。

```
1    <build>
2        <sourceDirectory>src/main/scala</sourceDirectory>
3        <testSourceDirectory>src/test/scala</testSourceDirectory>
4        <plugins>
5          <plugin>
```

```
 6              <groupId>net.alchim31.maven</groupId>
 7              <artifactId>scala-maven-plugin</artifactId>
 8              <version>3.2.2</version>
 9              <executions>
10                  <execution>
11                      <goals>
12                          <goal>compile</goal>
13                          <goal>testCompile</goal>
14                      </goals>
15                      <configuration>
16                          <args>
17              <arg>-dependencyfile</arg>
18              <arg>${project.build.directory}/.scala_dependencies</arg>
19                          </args>
20                      </configuration>
21                  </execution>
22              </executions>
23          </plugin>
24          <plugin>
25              <groupId>org.apache.maven.plugins</groupId>
26              <artifactId>maven-shade-plugin</artifactId>
27              <version>2.4.3</version>
28              <executions>
29                  <execution>
30                      <phase>package</phase>
31                      <goals>
32                          <goal>shade</goal>
33                      </goals>
34                      <configuration>
35                          <filters>
36                              <filter>
37                                  <artifact>*:*</artifact>
38                                      <excludes>
39                                          <exclude>META-INF/*.SF</exclude>
40                                          <exclude>META-INF/*.DSA</exclude>
41                                          <exclude>META-INF/*.RSA</exclude>
42                                      </excludes>
43                              </filter>
44                          </filters>
45                          <transformers>
46                              <transformer implementation=
47  "org.apache.maven.plugins.shade.resource.ManifestResourceTransformer">
48                                  <mainClass></mainClass>
49                              </transformer>
50                          </transformers>
51                      </configuration>
52                  </execution>
53              </executions>
54          </plugin>
55      </plugins>
56  </build>
```

小提示：

如果在创建 Maven 工程中选择 Scala 原型模板，上述插件会自动创建。这些插件的主要功能是方便开发人员进行打包。

2. 修改代码，打包程序

在打包项目之前，需要对词频统计的代码进行修改，创建 WordCount_Online. scala 文件，代码如文件 2-4 所示。

文件 2-4   WordCount_Online. scala

```scala
1   import org.apache.spark.{SparkConf, SparkContext}
2   import org.apache.spark.rdd.RDD
3   //编写单词计数程序，打成 Jar 包，提交到集群中运行
4   object WordCount_Online {
5     def main(args: Array[String]): Unit = {
6       //1.创建 SparkConf 对象，设置 appName
7       val sparkconf = new SparkConf().setAppName("WordCount_Online")
8       //2.创建 SparkContext 对象，它是所有任务计算的源头
9       //它会创建 DAGScheduler 和 TaskScheduler
10      val sparkContext = new SparkContext(sparkconf)
11      //3.读取数据文件，RDD 可以简单地理解为是一个集合，存放的元素是 String 类型
12      val data : RDD[String] = sparkContext.textFile(args(0))
13      //4.切分每一行，获取所有的单词
14      val words :RDD[String] = data.flatMap(_.split(" "))
15      //5.每个单词记为 1，转换为(单词,1)
16      val wordAndOne :RDD[(String, Int)] = words.map(x => (x,1))
17      //6.相同单词汇总，前一个下画线表示累加数据，后一个下画线表示新数据
18      val result: RDD[(String, Int)] = wordAndOne.reduceByKey(_+_)
19      //7.把结果数据保存到 HDFS 上
20      result.saveAsTextFile(args(1))
21      //8.关闭 sparkContext 对象
22      sparkContext.stop()
23    }
24  }
```

上述第 12 行代码 textFile(args(0))表示通过外部传入的参数用来指定文件路径，第 20 行代码表示将计算结果保存至 HDFS 中。其余代码与本地模式执行 Spark 程序代码相同。通过使用 Maven Projects 工具，双击 package 选项，即可自动将项目打成 Jar 包，如图 2-20 所示。

最终生成的 Jar 文件会被创建在项目的 target 目录中，如图 2-21 所示。

从图 2-21 可以看出，项目生成了两个 Jar 包，其中 original 包中不含有第三方 Jar，将 spark_chapter02-1.0-SNAPSHOT.jar 包上传至 hadoop01 节点中的/export/data 路径下。

3. 执行提交命令

在 hadoop01 节点的 spark 目录下，执行 spark-submit 命令提交任务，命令如下。

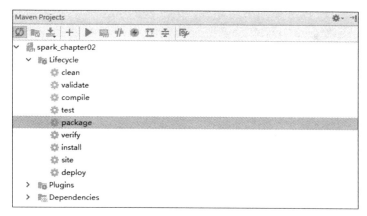

图 2-20　Mavne 工具打包

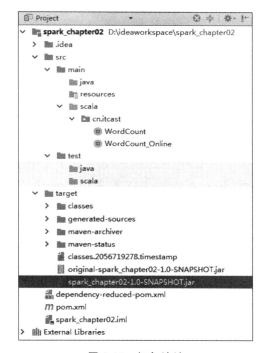

图 2-21　打包地址

```
bin/spark-submit --master spark://hadoop01:7077 \
--class cn.itcast.WordCount_Online \
--executor-memory 1g \
--total-executor-cores 1 \
/export/data/spark_chapter02-1.0-SNAPSHOT.jar \
/spark/test/words.txt \
/spark/test/out
```

上述命令中,首先通过--master 参数指定了 Master 节点地址,--class 参数指定运行主
类的全路径名称,然后通过--executor-memory 和--total-executor-cores 参数指定执行器的

资源分配,最后指定 Jar 包所在的绝对路径。其中/spark/test/words.txt 是文件 2-4 中第 12 行代码的输入参数 args(0),表示需要计算的数据源所在路径;/spark/test/out 是文件 2-4 中第 20 行代码输入参数 args(1),表示程序计算完成后,输出结果文件存储路径。执行成功后,进入 HDFS Web 页面查看/spark/test/out 文件夹,如图 2-22 所示。

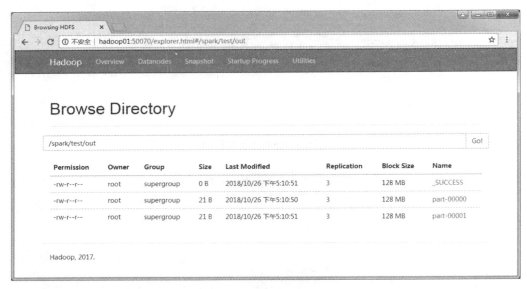

图 2-22　输出结果文件

从图 2-22 可以看出,在/spark/test/out 路径下生成了 3 个结果文件,其中_SUCCESS 为标识文件,表示任务执行成功,part-* 文件为真正的输出结果文件。输出结果文件 part-* 最终可以下载至本地或者使用 Hadoop 命令-cat 查看,执行命令查看文件结果如下所示。

```
$ hadoop fs - cat /spark/test/out/part *
(itcast,1)
(hello,3)
(spark,1)
(hadoop,1)
```

2.7　本章小结

本章主要讲解了什么是 Spark,部署 Spark 集群以及对 Spark 系统的使用。通过本章的学习,读者能够了解 Spark 的特点、运行架构与原理,具备独立部署 Spark 集群的能力,会简单使用 Spark 集群运行程序。本章内容重点是搭建 Spark 集群和理解 Spark 运行架构等基础概念,学好这些内容能够为后续深入学习 Spark 生态系统做好充分准备。

2.8　课后习题

一、填空题

1. Spark 生态系统包含 _____、Spark SQL、_____、MLlib、_____以及独立调度器组件。

2. Spark 计算框架的特点是速度快、_____、通用性和_____。

3. Spark 集群的部署模式有 Standalone 模式、_____和 Mesos 模式。

4. 启动 Spark 集群的命令为_____。

5. Spark 集群的运行架构由_____、Cluster Manager 和_____组成。

二、判断题

1. Spark 诞生于洛桑联邦理工学院(EPFL)的编程方法实验室。　　　　　　　(　　)

2. Spark 比 Hadoop 计算的速度快。　　　　　　　　　　　　　　　　　(　　)

3. 部署 Spark 高可用集群不需要用到 Zookeeper 服务。　　　　　　　　　(　　)

4. Spark Master HA 主从切换过程不会影响集群已有的作业运行。　　　　　(　　)

5. 集群上的任务是由执行器来调度的。　　　　　　　　　　　　　　　　(　　)

三、选择题

1. 下列选项中,哪个不是 Spark 生态系统中的组件?(　　　)
   A. Spark Streaming　　　　　　　　B. Mlib
   C. Graphx　　　　　　　　　　　　D. Spark R

2. 下面哪个端口不是 Spark 自带服务的端口?(　　　)
   A. 8080　　　　　　B. 4040　　　　　　C. 8090　　　　　D. 18080

3. 下列选项中,针对 Spark 运行的基本流程哪个说法是错误的?(　　　)
   A. Driver 端提交任务,向 Master 申请资源
   B. Master 与 Worker 进行 TCP 通信,使得 Worker 启动 Executor
   C. Executor 启动会主动连接 Driver,通过 Driver->Master->WorkExecutor,从而得到 Driver 在哪里
   D. Driver 会产生 Task,提交给 Executor 中启动 Task 去做真正的计算

四、简答题

1. 简述 Spark 计算框架的特点。

2. 简述 Spark 集群的基本运行流程。

第 3 章
Spark RDD弹性分布式数据集

学习目标

- 理解 RDD 的五大特征。
- 掌握 RDD 的创建方法。
- 掌握 RDD 的转换算子和行动算子的操作方法。
- 了解 RDD 之间的依赖关系。
- 了解 RDD 的持久化和容错机制。
- 理解 Spark 的任务调度。

　　传统的 MapReduce 虽然具有自动容错、平衡负载和可拓展性强的优点,但是其最大缺点是采用非循环式的数据流模型,使得在迭代计算时要进行大量的磁盘 I/O 操作。Spark 中的 RDD 可以很好地解决这一缺点。RDD 是 Spark 提供的最重要的抽象概念,可以将 RDD 理解为一个分布式存储在集群中的大型数据集合,不同 RDD 之间可以通过转换操作形成依赖关系实现管道化,从而避免了中间结果的 I/O 操作,提高数据处理的速度和性能。接下来,本章将针对 RDD 进行详细讲解。

3.1　RDD 简介

　　RDD(Resilient Distributed Dataset,弹性分布式数据集),是一个容错的、并行的数据结构,可以让用户显式地将数据存储到磁盘和内存中,并且还能控制数据的分区。对于迭代式计算和交互式数据挖掘,RDD 可以将中间计算的数据结果保存在内存中,若是后面需要中间结果参与计算时,则可以直接从内存中读取,从而可以极大地提高计算速度。

　　每个 RDD 都具有五大特征,具体如下。

1. 分区列表(a list of partitions)

　　每个 RDD 被分为多个分区(Partitions),这些分区运行在集群中的不同节点,每个分区都会被一个计算任务处理,分区数决定了并行计算的数量,创建 RDD 时可以指定 RDD 分区的个数。如果不指定分区数量,当 RDD 从集合创建时,默认分区数量为该程序所分配到的资源的 CPU 核数(每个 Core 可以承载 2~4 个 Partition),如果是从 HDFS 文件创建,默认为文件的 Block 数。

2. 每个分区都有一个计算函数(a function for computing each split)

Spark 的 RDD 的计算函数是以分片为基本单位的,每个 RDD 都会实现 compute 函数,对具体的分片进行计算。

3. 依赖于其他 RDD(a list of dependencies on other RDDs)

RDD 的每次转换都会生成一个新的 RDD,所以 RDD 之间就会形成类似于流水线一样的前后依赖关系。在部分分区数据丢失时,Spark 可以通过这个依赖关系重新计算丢失的分区数据,而不是对 RDD 的所有分区进行重新计算。

4.(Key,Value)数据类型的 RDD 分区器(a Partitioner for Key-Value RDDS)

当前 Spark 中实现了两种类型的分区函数,一个是基于哈希的 HashPartitioner,另外一个是基于范围的 RangePartitioner。只有对于(Key,Value)的 RDD,才会有 Partitioner(分区),非(Key,Value)的 RDD 的 Parititioner 的值是 None。Partitioner 函数不但决定了 RDD 本身的分区数量,也决定了 parent RDD Shuffle 输出时的分区数量。

5. 每个分区都有一个优先位置列表(a list of preferred locations to compute each split on)

优先位置列表会存储每个 Partition 的优先位置,对于一个 HDFS 文件来说,就是每个 Partition 块的位置。按照"移动数据不如移动计算"的理念,Spark 在进行任务调度的时候,会尽可能地将计算任务分配到其所要处理数据块的存储位置。

3.2　RDD 的创建方式

Spark 提供了两种创建 RDD 的方式,分别是从文件系统(本地和 HDFS)中加载数据创建 RDD 和通过并行集合创建 RDD。接下来,本节将讲解 RDD 的两种创建方式。

3.2.1　从文件系统加载数据创建 RDD

Spark 可以从 Hadoop 支持的任何存储源中加载数据去创建 RDD,包括本地文件系统和 HDFS 等文件系统。

接下来,通过 Spark 中的 SparkContext 对象调用 textFile() 方法加载数据创建 RDD。这里以 Linux 本地系统和 HDFS 为例,讲解如何创建 RDD。

1. 从 Linux 本地文件系统加载数据创建 RDD

在 Linux 本地文件系统中有一个名为 test.txt 的文件,具体内容如文件 3-1 所示。

文件 3-1　test.txt

```
1  hadoop spark
2  itcast heima
3  scala spark
```

```
4  spark itcast
5  itcast hadoop
```

在 Linux 本地系统读取 test.txt 文件数据创建 RDD,具体代码如下:

```
scala>val test=sc.textFile("file:///export/data/test.txt")
test: org.apache.spark.rdd.RDD[String]=file:///export/data/test.txt
                    MapPartitionsRDD[1] at textFile at <console>:24
```

上述的代码中,文件路径中的 file://表示从本地 Linux 文件系统中读取文件。test: org.apache.spark.rdd.RDD[String]…是命令执行后返回的信息,而 test 则是一个创建好的 RDD。当执行 textFile()方法后,Spark 会从 Linux 本地文件 test.txt 中加载数据到内存中,在内存中生成了一个 RDD 对象(即 test),并且这个 RDD 里面包含若干个 String 类型的元素,也就是说,从 test.txt 文件中读取出来的每一行文本内容,都是 RDD 中的一个元素。

2. 从 HDFS 中加载数据创建 RDD

假设,在 HDFS 上的/data 目录下有一个名为 test.txt 的文件,该文件内容与文件 3-1 相同。接下来,通过加载 HDFS 中的数据创建 RDD,具体代码如下:

```
scala>val testRDD=sc.textFile("/data/test.txt")
testRDD:org.apache.spark.rdd.RDD[String]=/data/test.txt MapPartitionsRDD[1]
                    at textFile at <console>:24
```

执行上述代码后,从返回结果 testRDD 的属性中看出 RDD 创建完成。在上述代码中,通过 textFile("/data/test.txt")方法来读取 HDFS 上的文件,其中方法 testFile()中的参数为/data/test.txt 文件路径,传入的参数也可以为 hdfs://localhost:9000/data/test.txt 和/test.txt 路径,最终所达到的效果是一致的。

3.2.2 通过并行集合创建 RDD

Spark 可以通过并行集合创建 RDD。即从一个已经存在的集合、数组上,通过 SparkContext 对象调用 parallelize()方法创建 RDD。

若要创建 RDD,则需要先创建一个数组,再通过执行 parallelize()方法实现,具体代码如下:

```
scala>val array=Array(1,2,3,4,5)
array: Array[Int]=Array(1,2,3,4,5)
scala>val arrRDD=sc.parallelize(array)
arrRDD: org.apache.spark.rdd.RDD[Int]=ParallelcollectionRDD[6] at parallelize
                    at <console>:26
```

执行上述代码后,从返回结果 arrRDD 的属性中看出 RDD 创建完成。

3.3　RDD 的处理过程

Spark 用 Scala 语言实现了 RDD 的 API,程序开发者可以通过调用 API 对 RDD 进行操作处理。下面,通过图 3-1 来描述 RDD 的处理过程。

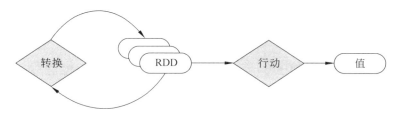

图 3-1　RDD 的处理过程

在图 3-1 中,RDD 经过一系列的"转换"操作,每一次转换都会产生不同的 RDD,以供给下一次"转换"操作使用,直到最后一个 RDD 经过"行动"操作才会被真正计算处理,并输出到外部数据源中,若是中间的数据结果需要复用,则可以进行缓存处理,将数据缓存到内存中。

需要注意的是,RDD 采用了惰性调用,即在 RDD 的处理过程中,真正的计算发生在 RDD 的"行动"操作,对于"行动"之前的所有"转换"操作,Spark 只是记录下"转换"操作应用的一些基础数据集以及 RDD 生成的轨迹(即 RDD 相互之间的依赖关系),而不会触发真正的计算处理。

接下来,将针对 RDD 处理过程中的"转换"操作和"行动"操作进行详细的讲解。

3.3.1　转换算子

RDD 处理过程中的"转换"操作主要用于根据已有 RDD 创建新的 RDD,每一次通过 Transformation 算子计算后都会返回一个新 RDD,供给下一个转换算子使用。下面,通过表 3-1 来列举一些常用的转换算子操作的 API。

表 3-1　常用的转换算子 API

转换算子	相关说明
filter(func)	筛选出满足函数 func 的元素,并返回一个新的数据集
map(func)	将每个元素传递到函数 func 中,返回的结果是一个新的数据集
flatMap(func)	与 map()相似,但是每个输入的元素都可以映射到 0 或者多个输出结果
groupByKey()	应用于(Key,Value)键值对的数据集时,返回一个新的(Key,Iterable <Value>)形式的数据集
reduceByKey(func)	应用于(Key,Value)键值对的数据集时,返回一个新的(Key,Value)形式的数据集。其中,每个 Value 值是将每个 Key 键传递到函数 func 中进行聚合后的结果

下面,结合具体的示例对这些转换算子 API 进行详细讲解。

1. filter(func)

filter(func)操作会筛选出满足函数 func 的元素,并返回一个新的数据集。假设,有一个文件 test.txt(内容如文件 3-1 所示),接下来,通过一张图来描述如何通过 filter 算子操作筛选出包含单词 spark 的元素,具体过程如图 3-2 所示。

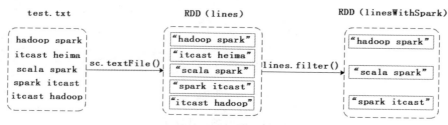

图 3-2　filter 算子操作

在图 3-2 中,通过从 test.txt 文件中加载数据的方式创建 RDD,然后通过 filter 操作筛选出满足条件的元素,这些元素组成的集合是一个新的 RDD。接下来,通过代码来进行演示,具体代码如下:

```
scala>val lines =sc.textFile("file:///export/data/test.txt")
lines: org.apache.spark.rdd.RDD[String] =file:///export/data/test.txt
                    MapPartitionsRDD[1] at textFile at <console>:24
scala>val linesWithSpark =lines.filter(line =>line.contains("spark"))
linesWithSpark: org.apache.spark.rdd.RDD[String] =MapPartitionsRDD[2] at
                                filter at <console>:25
```

在上述代码中,filter()输入的参数 line => line.contains("spark")是一个匿名函数,其含义是依次取出 lines 这个 RDD 中的每一个元素,对于当前取到的元素,把它赋值给匿名函数中的 line 变量。若 line 中包含 spark 单词,就把这个元素加入到 RDD(即 linesWithSpark)中,否则就丢弃该元素。

2. map(func)

map(func)操作将每个元素传递到函数 func 中,并将结果返回为一个新的数据集。假设,有一个文件 test.txt(内容如文件 3-1 所示),接下来,通过一张图来描述如何通过 map 算子操作把文件内容拆分成一个个的单词并封装在数组对象中,具体过程如图 3-3 所示。

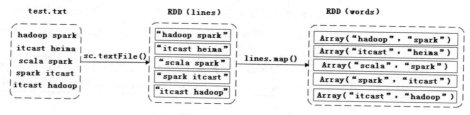

图 3-3　map 算子操作

在图 3-3 中,通过从 test.txt 文件中加载数据的方式创建 RDD,然后通过 map 操作将文件的每一行内容都拆分成一个个的单词元素,这些元素组成的集合是一个新的 RDD。接下来,通过代码来进行演示,具体代码如下:

```
scala>val lines =sc.textFile("file:///export/data/test.txt")
lines: org.apache.spark.rdd.RDD[String] =file:///export/data/test.txt
                    MapPartitionsRDD[4] at textFile at <console>:24
scala>val words =lines.map(line =>line.split(" "))
words: org.apache.spark.rdd.RDD[Array[String]] =MapPartitionsRDD[13] at
                                        map at <console>:25
```

上述代码中,lines. map(line => line. split(" "))含义是依次取出 lines 这个 RDD 中的每个元素,对于当前取到的元素,把它赋值给匿名函数中的 line 变量。由于 line 是一行文本,如 hadoop spark,一行文本中包含多个单词,且用空格进行分隔,通过 line. split(" ")匿名函数,将文本分成一个个的单词,拆分后得到的单词都被封装到一个数组对象中,成为新的 RDD(即 words)的一个元素。

3. flatMap(func)

flatMap(func)与 map(func)相似,但是每个输入的元素都可以映射到 0 或者多个输出的结果。有一个文件 test. txt(内容如文件 3-1 所示),接下来,通过一张图来描述如何通过 flatMap 算子操作把文件内容拆分成一个个的单词,具体过程如图 3-4 所示。

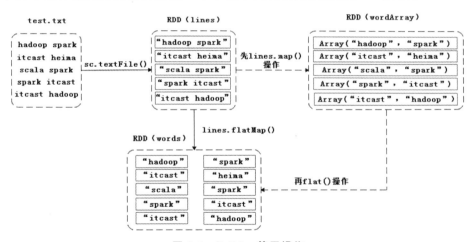

图 3-4　flatMap 算子操作

在图 3-4 中,通过从 test. txt 文件中加载数据的方式创建 RDD,然后通过 flatMap 操作将文件的每一行内容都拆分成一个个的单词元素,这些元素组成的集合是一个新的 RDD。接下来,通过代码来进行演示,具体代码如下:

```
scala>val lines =sc.textFile("file:///export/data/test.txt")
lines: org.apache.spark.rdd.RDD[String] =file:///export/data/test.txt
                    MapPartitionsRDD[5] at textFile at <console>:24
scala>val words =lines.flatMap(line =>line.split(" "))
```

```
words: org.apache.spark.rdd.RDD[Array[String]] =MapPartitionsRDD[14] at
                                            map at <console>:25
```

在上述代码中,lines. flatMap(line => line. split(" "))等价于先执行 lines. map(line => line. split(" "))操作(请参考 map(func)操作),再执行 flat()操作(即扁平化操作),把 wordArray 中的每个 RDD 都扁平成多个元素,被扁平后得到的元素构成一个新的 RDD(即 words)。

4. groupByKey()

groupByKey()主要用于(Key,Value)键值对的数据集,将具有相同 Key 的 Value 进行分组,会返回一个新的(Key,Iterable)形式的数据集。同样以文件 test. txt(内容如文件 3-1 所示)为例,接下来,通过一张图来描述如何通过 groupByKey 算子操作将文件内容中的所有单词进行分组,具体过程如图 3-5 所示。

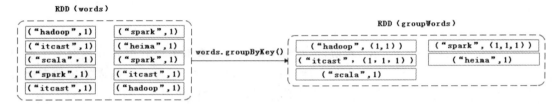

图 3-5　groupByKey 算子操作

在图 3-5 中,通过 groupByKey 操作把(Key,Value)键值对类型的 RDD 按单词出现的次数进行分组,这些元素组成的集合是一个新的 RDD。接下来,通过代码来进行演示,具体代码如下:

```
scala>val lines =sc.textFile("file:///export/data/test.txt")
lines: org.apache.spark.rdd.RDD[String] =file:///export/data/test.txt
                        MapPartitionsRDD[6] at textFile at <console>:24
scala>val words=lines.flatMap(line=>line.split(" ")).map(word=>(word,1))
words: org.apache.spark.rdd.RDD[(String, Int)] =MapPartitionsRDD[15] at
                                            map at <console>:25
scala>val groupWords=words.groupByKey()
groupWords: org.apache.spark.rdd.RDD[(String,Iterable[Int])]=ShuffledRDD[16]
                                    at groupByKey at <console>:25
```

上述代码中,words. groupByKey()操作执行后,RDD 中所有的 Key 相同的 Value 都被合并到一起。例如,("spark",1)、("spark",1)、("spark",1)这 3 个键值对的 Key 都是 spark,合并后得到新的键值对("spark",(1,1,1))。

5. reduceByKey(func)

reduceByKey()主要用于(Key,Value)键值对的数据集,返回的是一个新的(Key,Value)形式的数据集,该数据集是每个 Key 传递给函数 func 进行聚合运算后得到的结果。同样以文件 test. txt(内容如文件 3-1 所示)为例,接下来,通过一张图来描述如何通过

reduceByKey 算子操作统计单词出现的次数,具体操作如图 3-6 所示。

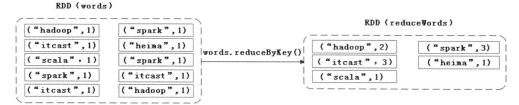

图 3-6　reduceByKey()算子操作

在图 3-6 中,通过 reduceByKey 操作把(Key,Value)键值对类型的 RDD,按单词 Key 出现的次数 Value 进行聚合,这些元素组成的集合是一个新的 RDD。接下来,通过代码来进行演示,具体代码如下:

```
scala>val lines =sc.textFile("file:///export/data/test.txt")
lines: org.apache.spark.rdd.RDD[String] =file:///export/data/test.txt
                    MapPartitionsRDD[7] at textFile at <console>:24
scala>val words=lines.flatMap(line=>line.split(" ")).map(word=> (word,1))
words: org.apache.spark.rdd.RDD[(String, Int)] =MapPartitionsRDD[16] at
                                    map at <console>:25
scala>val reduceWords=words.reduceByKey((a,b)=>a+b)
reduceWords: org.apache.spark.rdd.RDD[(String, Int)] =ShuffledRDD[17] at
                                    reduceByKey at <console>:25
```

上述代码中,执行 words. reduceByKey((a,b) => a + b)操作,共分为两个步骤,分别是先执行 reduceByKey()操作,将所有 Key 相同的 Value 值合并到一起,生成一个新的键值对,如("spark",(1,1,1));然后执行函数 func 的操作,即使用(a,b)=> a + b 函数把(1,1,1)进行聚合求和,得到最终的结果,即("spark",3)。

3.3.2　行动算子

行动算子主要是将在数据集上运行计算后的数值返回到驱动程序,从而触发真正的计算。下面列举一些常用的行动算子 API,如表 3-2 所示。

表 3-2　常用的行动算子 API

行 动 算 子	相 关 说 明
count()	返回数据集中的元素个数
first()	返回数组的第一个元素
take(n)	以数组的形式返回数组集中的前 n 个元素
reduce(func)	通过函数 func(输入两个参数并返回一个值)聚合数据集中的元素
collect()	以数组的形式返回数据集中的所有元素
foreach(func)	将数据集中的每个元素传递到函数 func 中运行

下面,结合具体的示例对这些行动算子 API 进行详细讲解。

1. count()

count()主要用于返回数据集中的元素个数。假设,现有一个 arrRdd,如果要统计 arrRdd 元素的个数,示例代码如下:

```
scala>val arrRdd=sc.parallelize(Array(1,2,3,4,5))
arrRdd: org.apache.spark.rdd.RDD[Int]=
                ParallelcollectionRDD[0] at parallelize at <console>:24
scala>arrRdd.count()
res0: Long =5
```

上述代码中,第 1 行代码创建了一个 RDD 对象,当 arrRdd 调用 count()操作后,返回的结果是 5,说明成功获取到了 RDD 数据集的元素个数。值得一提的是,可以将第一行代码分解成下面两行代码,具体如下:

```
val arr =Array(1,2,3,4,5)
val arrRdd =sc.parallelize(arr)
```

2. first()

first()主要用于返回数组的第一个元素。现有一个 arrRdd,如果要获取 arrRdd 中第一个元素,示例代码如下:

```
scala>val arrRdd=sc.parallelize(Array(1,2,3,4,5))
arrRdd: org.apache.spark.rdd.RDD[Int]=
                ParallelcollectionRDD[0] at parallelize at <console>:24
scala>arrRdd.first()
res1: Int =1
```

从上述结果可以看出,当执行 arrRdd.first()操作后返回的结果是 1,说明成功获取到了 RDD 数据集的第 1 个元素。

3. take(n)

take()主要用于以数组的形式返回数组集中的前 n 个元素。现有一个 arrRdd,如果要获取 arrRdd 中的前 3 个元素,示例代码如下:

```
scala>val arrRdd =sc.parallelize(Array(1,2,3,4,5))
arrRdd: org.apache.spark.rdd.RDD[Int]=
                ParallelcollectionRDD[0] at parallelizeat <console>:24
scala>arrRdd.take(3)
res2: Array[Int]=Array(1,2,3)
```

从上述代码可以看出,执行 arrRdd.take(3)操作后返回的结果是 Array(1,2,3),说明成功获取到了 RDD 数据集的前 3 个元素。

4．reduce（func）

reduce（）主要用于通过函数 func（输入两个参数并返回一个值）聚合数据集中的元素。现有一个 arrRdd，如果要对 arrRdd 中的元素进行聚合，示例代码如下：

```
scala>val arrRdd =sc.parallelize(Array(1,2,3,4,5))
arrRdd: org.apache.spark.rdd.RDD[Int]=
                    ParallelcollectionRDD[0] at parallelize at <console>:24
scala>arrRdd.reduce((a,b)=>a+b)
res3: Int =15
```

在上述代码中，执行 arrRdd.reduce（（a，b）＝＞a＋b）操作后返回的结果是 15，说明成功的将 RDD 数据集中的所有元素进行求和，结果为 15。

5．collect（）

collect（）主要用于以数组的形式返回数据集中的所有元素。现有一个 arrRdd，如果希望 arrRdd 中的元素以数组的形式输出，示例代码如下：

```
scala>val arrRdd =sc.parallelize(Array(1,2,3,4,5))
arrRdd: org.apache.spark.rdd.RDD[Int]=
                    ParallelcollectionRDD[0] at parallelize at <console>:24
scala>arrRdd.collect()
res4: Array[Int] =Array(1,2,3,4,5)
```

在上述代码中，执行 arrRdd.collect（）操作后返回的结果是 Array（1，2，3，4，5），说明成功地将 RDD 数据集中的元素以数组的形式输出。

6．foreach（func）

foreach（）主要用于将数据集中的每个元素传递到函数 func 中运行。现有一个 arrRdd，如果希望遍历输出 arrRdd 中的元素，示例代码如下：

```
scala>val arrRdd =sc.parallelize(Array(1,2,3,4,5))
arrRdd: org.apache.spark.rdd.RDD[Int]=
                    ParallelcollectionRDD[0] at parallelize at <console>:24
scala>arrRdd.foreach(x =>println(x))
1
2
3
4
5
```

在上述代码中，foreach（x ＝＞ println（x））的含义是依次遍历 arrRdd 中的每一个元素，把当前遍历的元素赋值给变量 x，并且通过 println（x）打印出 x 的值。执行 arrRdd.foreach（）操作后，arrRdd 中的元素被依次输出了（即 RDD 数据集中所有的元素被遍历输出）。这里的 arrRdd.foreach（x ＝＞ println（x））可以简写为 arrRdd.foreach（println）。

3.3.3   编写 WordCount 词频统计案例

在 Linux 本地系统的/export/data 目录下,有一个 test.txt 文件,文件里面有多行文本,每行文本都是由 2 个单词构成,并且单词之间都是用空格分隔。接下来需要通过 RDD 统计每个单词出现的次数(即词频),具体操作过程如图 3-7 所示。

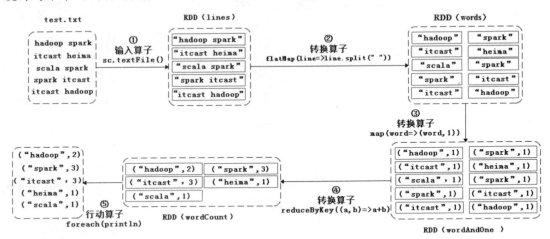

图 3-7   词频统计的操作

在图 3-7 中,Spark 通过输入算子的操作读取文件来创建 RDD,然后通过转换算子和行动算子操作将文件中的所有单词进行了词频统计。接下来,通过代码来进行演示,具体代码如下:

```scala
scala>val lines =sc.textFile("file:///export/data/test.txt")
lines: org.apache.spark.rdd.RDD[String] =file:///export/data/test.txt
                MapPartitionsRDD[8] at textFile at <console>:24
scala>val words=lines.flatMap(line=>line.split(" "))
words: org.apache.spark.rdd.RDD[String] =MapPartitionsRDD[20] at flatMap
                                        at <console>:25
scala>val wordAndOne =words.map(word=> (word,1))
wordAndOne: org.apache.spark.rdd.RDD[(String, Int)] =MapPartitionsRDD[21]
                                        at map at <console>:25
scala>val wordCount =wordAndOne.reduceByKey((a,b)=>a+b)
wordCount: org.apache.spark.rdd.RDD[(String, Int)] =ShuffledRDD[22] at
                                reduceByKey at <console>:25
scala>wordCount.foreach(println)
(spark,3)
(hadoop,2)
(scala,1)
(itcast,3)
(heima,1)
```

上述代码中,执行 wordCount.foreach(println)操作后返回的结果是(spark,3)、(hadoop,2)、(scala,1)、(itcast,3)、(heima,1),说明已经实现了对文件 test.txt 的词频统计

操作。

3.4　RDD 的分区

在分布式程序中,网络通信的开销是很大的,因此控制数据分布以获得最少的网络传输开销可以极大地提升整体性能,Spark 程序可以通过控制 RDD 分区方式来减少通信开销。Spark 中所有的 RDD 都可以进行分区,系统会根据一个针对键的函数对元素进行分区。虽然 Spark 不能控制每个键具体划分到哪个节点上,但是可以确保相同的键出现在同一个分区上。

RDD 的分区原则是分区的个数尽量等于集群中的 CPU 核心(Core)数目。对于不同的 Spark 部署模式而言,都可以通过设置 spark. default. parallelism 这个参数值来配置默认的分区数目。一般而言,各种模式下的默认分区数目如下。

(1) Local 模式:默认为本地机器的 CPU 数目,若设置了 local[N],则默认为 N。

(2) Standalone 或者 Yarn 模式:在"集群中所有 CPU 核数总和"和"2"这两者中取较大值作为默认值。

(3) Mesos 模式:默认的分区数是 8。

Spark 框架为 RDD 提供了两种分区方式,分别是哈希分区(HashPartitioner)和范围分区(RangePartitioner)。其中,哈希分区是根据哈希值进行分区;范围分区是将一定范围的数据映射到一个分区中。这两种分区方式已经可以满足大多数应用场景的需求。与此同时,Spark 也支持自定义分区方式,即通过一个自定义的 Partitioner 对象来控制 RDD 的分区,从而进一步减少通信开销。需要注意的是,RDD 的分区函数是针对(Key,Value)类型的 RDD,分区函数根据 Key 对 RDD 元素进行分区。因此,当需要对一些非(Key,Value)类型的 RDD 进行自定义分区时,需要先把 RDD 元素转换为(Key,Value)类型,再通过分区函数进行分区操作。

如果想要实现自定义分区,就需要定义一个类,使得这个自定义的类继承 org. apache. spark. Partitioner 类,并实现其中的 3 个方法,具体如下。

(1) def numPartitions:Int:用于返回创建的分区个数。

(2) def getPartition(Key:Any):用于对输入的 Key 做处理,并返回该 Key 的分区 ID,分区 ID 的范围是 0~numPartitions−1。

(3) equals(other:Any):用于 Spark 判断自定义的 Partitioner 对象和其他的 Partitioner 对象是否相同,从而判断两个 RDD 的分区方式是否相同。其中,equals()方法中的参数 other 表示其他的 Partitioner 对象,该方法的返回值是一个 Boolean 类型,当返回值为 true 时表示自定义的 Partitioner 对象和其他 Partitioner 对象相同,则两个 RDD 的分区方式也是相同的;反之,自定义的 Partitioner 对象和其他 Partitioner 对象不相同,则两个 RDD 的分区方式也不相同。

3.5　RDD 的依赖关系

在 Spark 中,不同的 RDD 之间具有依赖的关系。RDD 与它所依赖的 RDD 的依赖关系有两种类型,分别是窄依赖(narrow dependency)和宽依赖(wide dependency)。

　　窄依赖是指父 RDD 的每一个分区最多被一个子 RDD 的分区使用，即 OneToOneDependencies。窄依赖的表现一般分为两类：第一类表现为一个父 RDD 的分区对应于一个子 RDD 的分区；第二类表现为多个父 RDD 的分区对应于一个子 RDD 的分区。也就是说，一个父 RDD 的一个分区不可能对应一个子 RDD 的多个分区。为了便于理解，通常把窄依赖形象地比喻为独生子女。当 RDD 执行 map、filter、union 和 join 操作时，都会产生窄依赖，如图 3-8 所示。

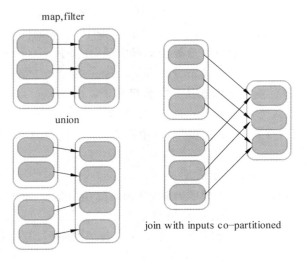

图 3-8　窄依赖

　　从图 3-8 可以看出，RDD 进行 map、filter 和 union 算子操作时，是属于窄依赖的第一类表现；而 RDD 进行 join 算子操作（对输入进行协同划分）时，是属于窄依赖表现的第二类。这里的输入协同划分是指多个父 RDD 的某一个分区的所有 Key，被划分到子 RDD 的同一分区，而不是指同一个父 RDD 的某一个分区，被划分到子 RDD 的两个分区中。当子 RDD 进行算子操作，因为某个分区操作失败导致数据丢失时，只需要重新对父 RDD 中对应的分区（与子 RDD 相对应的分区）进行算子操作即可恢复数据。

　　宽依赖是指子 RDD 的每一个分区都会使用所有父 RDD 的所有分区或多个分区，即 OneToManyDependecies。为了便于理解，通常把宽依赖形象地比喻为超生。当 RDD 进行 groupByKey 和 join 操作时，会产生宽依赖，如图 3-9 所示。

　　从图 3-9 可以看出，父 RDD 进行 groupByKey 和 join（输入未协同划分）算子操作时，子 RDD 的每一个分区都会依赖于所有父 RDD 的所有分区。当子 RDD 进行算子操作，因为某个分区操作失败导致数据丢失时，则需要重新对父 RDD 中的所有分区进行算子操作才能恢复数据。

　　需要注意的是，join 算子操作既可以属于窄依赖，也可以属于宽依赖。当 join 算子操作后，分区数量没有变化则为窄依赖（如 join with inputs co-partitioned，输入协同划分）；当 join 算子操作后，分区数量发生变化则为宽依赖（如 join with inputs not co-partitioned，输入非协同划分）。

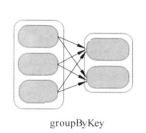

groupByKey

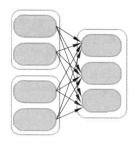

join with inputs not co-partitioned

图 3-9 宽依赖

3.6 RDD 机制

Spark 为 RDD 提供了两个重要的机制,分别是持久化机制(即缓存机制)和容错机制。接下来,本节将针对持久化机制和容错机制进行详细介绍。

3.6.1 持久化机制

在 Spark 中,RDD 是采用惰性求值,即每次调用行动算子操作,都会从头开始计算。然而,每次调用行动算子操作,都会触发一次从头开始的计算,这对于迭代计算来说,代价是很大的,因为迭代计算经常需要多次重复地使用同一组数据集,所以,为了避免重复计算的开销,可以让 Spark 对数据集进行持久化。

通常情况下,一个 RDD 是由多个分区组成的,RDD 中的数据分布在多个节点中,因此,当持久化某个 RDD 时,每一个节点都将把计算分区的结果保存在内存中,若对该 RDD 或衍生出的 RDD 进行其他行动算子操作时,则不需要重新计算,直接去取各个分区保存的数据即可,这使得后续的行动算子操作速度更快(通常超过 10 倍),并且缓存是 Spark 构建迭代式算法和快速交互式查询的关键。

RDD 的持久化操作有两种方法,分别是 cache()方法和 persist()方法。每一个持久化的 RDD 都可以使用不同的存储级别存储,从而允许持久化数据集在硬盘或者内存中作为序列化的 Java 对象存储,甚至可以跨节点复制。

persist()方法的存储级别是通过 StorageLevel 对象(Scala、Java、Python)设置的。

cache()方法的存储级别是使用默认的存储级别(即 StorageLevel. MEMORY_ONLY(将反序列化的对象存入内存))。接下来,通过表 3-3 介绍持久化 RDD 的存储级别。

表 3-3 持久化 RDD 的存储级别

存 储 级 别	相 关 说 明
MEMORY_ONLY	默认存储级别。将 RDD 作为反序列化的 Java 对象,缓存到 JVM 中,若内存放不下(内存已满情况),则某些分区将不会被缓存,并且每次需要时都会重新计算
MEMORY_AND_DISK	将 RDD 作为反序列化的 Java 对象,缓存到 JVM 中,若内存放不下(内存已满情况),则将剩余分区存储到磁盘上,并在需要时从磁盘读取

续表

存 储 级 别	相 关 说 明
MEMORY_ONLY_SER	将 RDD 作为序列化的 Java 对象(每个分区序列化为一个字节数组),比反序列化的 Java 对象节省空间,但读取时,更占 CPU
MEMORY_AND_DISK_SER	与 MEMORY_ONLY_SER 类似,但是当内存放不下时则溢出到磁盘,而不是每次需要时重新计算它们
DISK_ONLY	仅将 RDD 分区全部存储到磁盘上
MEMORY_ONLY_2 MEMORY_AND_DISK_2	与上面的级别相同。若加上后缀_2,代表的是将每个持久化的数据都复制一份副本,并将副本保存到其他节点上
OFF_HEAP(实验性)	与 MEMORY_ONLY_SER 类似,但将数据存储在堆外内存中(这需要启用堆外内存)

在表 3-3 中,列举了持久化 RDD 的存储级别,可以在 RDD 进行第一次算子操作时,根据自己的需求选择对应的存储级别。

为了大家更好地理解,接下来,通过代码演示如何使用 persist()方法和 cache()方法对 RDD 进行持久化。

1. 使用 persist()方法对 RDD 进行持久化

定义一个列表 list,通过该列表创建一个 RDD,然后通过 persist 持久化操作和算子操作统计 RDD 中的元素个数以及打印输出 RDD 中的所有元素。具体代码如下:

```
1   scala>import org.apache.spark.storage.StorageLevel
2   import org.apache.spark.storage.StorageLevel
3   scala>val list =List("hadoop","spark","hive")
4   list: List[String] =List(hadoop, spark, hive)
5   scala>val listRDD = sc.parallelize(list)
6   listRDD: org.apache.spark.rdd.RDD[String] =ParallelCollectionRDD[0] at
7                                   parallelize at <console>:27
8   scala>listRDD.persist(StorageLevel.DISK_ONLY)
9   res1: listRDD.type =ParallelCollectionRDD[0] at parallelize at <console>:27
10  scala>println(listRDD.count())
11  3
12  scala>println(listRDD.collect().mkString(","))
13  hadoop,spark,hive
```

上述代码中,第 1 行代码导入 StorageLevel 对象的包;第 3 行代码定义了一个列表 list;第 5 行代码执行 sc.parallelize(list)操作,创建了一个 RDD,即 listRDD;第 8 行代码添加了 persist()方法,用于持久化 RDD,减少 I/O 操作,提高计算效率;第 10 行代码执行 listRDD.count()行动算子操作,将统计 listRDD 中元素的个数;第 12 行代码执行 listRDD.collect()行动算子操作和 mkString(",")操作,将 listRDD 中的所有元素进行打印输出,并且以逗号为分隔符。

需要注意的是,当程序执行到第 8 行代码时,并不会持久化 listRDD,因为 listRDD 还没有被真正计算;当执行第 10 行代码时,listRDD 才会进行第一次行动算子操作,触发真正的从头到尾的计算,这时 listRDD.persist()方法才会被真正执行,把 listRDD 持久化到磁盘中；当执行到第 12 行代码时，进行第二次行动算子操作，但不触发从头到尾的计算，只需使用已经进行持久化的 listRDD 来进行计算。

2. 使用 cache() 方法对 RDD 进行持久化

定义一个列表 list，通过该列表创建一个 RDD，然后通过 cache 持久化操作和算子操作统计 RDD 中的元素个数以及打印输出 RDD 中的所有元素。具体代码如下：

```
1   scala>val list=List("hadoop","spark","hive")
2   list: List[String] =List(hadoop, spark, hive)
3   scala>val listRDD=sc.parallelize(list)
4   listRDD: org.apache.spark.rdd.RDD[String] =ParallelCollectionRDD[0] at
5                                  parallelize at <console>:26
6   scala>listRDD.cache()
7   res2: listRDD.type =ParallelCollectionRDD[1] at parallelize at <console>:26
8   scala>println(listRDD.count())
9   3
10  scala>println(listRDD.collect().mkString(","))
11  hadoop,spark,hive
```

上述代码中，第 6 行代码对 listRDD 进行持久化操作，即添加 cache() 方法，用于持久化 RDD，减少 I/O 操作，提高计算效率。然而，使用 cache() 方法进行持久化操作，底层是调用了 persist(MEMORY_ONLY) 方法，用来对 RDD 进行持久化。当程序执行到第 6 行代码时，并不会持久化 listRDD，因为 listRDD 还没有被真正计算；当程序执行第 8 行代码时，listRDD 才会进行第一次行动算子操作，触发真正的从头到尾的计算，这时 listRDD.cache() 方法才会被真正执行，把 listRDD 持久化到内存中；当程序执行到第 10 行代码时，进行第二次行动算子操作，但不触发从头到尾的计算，只需使用已经持久化的 listRDD 来进行计算。

3.6.2　容错机制

当 Spark 集群中的某一个节点由于宕机导致数据丢失，可以通过 Spark 中的 RDD 容错机制恢复已经丢失的数据。RDD 提供了两种故障恢复的方式，分别是血统（lineage）方式和设置检查点（checkpoint）方式。下面就来介绍这两种方式。

血统方式，主要是根据 RDD 之间的依赖关系对丢失数据的 RDD 进行数据恢复。如果丢失数据的子 RDD 在进行窄依赖运算，则只需要把丢失数据的父 RDD 的对应分区进行重新计算即可，不需要依赖其他的节点，并且在计算过程中不会存在冗余计算；若丢失数据的子 RDD 进行宽依赖运算，则需要父 RDD 的所有分区都要进行从头到尾的计算，在计算过程中会存在冗余计算。为了解决宽依赖运算中出现的计算冗余问题，Spark 又提供了另一种方式进行数据容错，即设置检查点方式。

设置检查点方式，本质上是将 RDD 写入磁盘进行存储。当 RDD 在进行宽依赖运算时，只需要在中间阶段设置一个检查点进行容错，即通过 Spark 中的 sparkContext 对象调用 setCheckpoint() 方法，设置一个容错文件系统目录（如 HDFS）作为检查点 checkpoint，将 checkpoint 的数据写入之前设置的容错文件系统中进行高可用的持久化存储，若是后面有节点出现宕机导致分区数据丢失，则可以从作为检查点的 RDD 开始重新计算，不需要进行从头到尾的计算,这样就会减少开销。

3.7 Spark 的任务调度

3.7.1 DAG 的概念

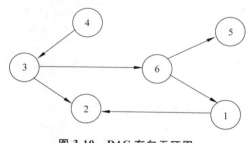

DAG(Directed Acyclic Graph,有向无环图),Spark 中的 RDD 通过一系列的转换算子操作和行动算子操作形成了一个 DAG。DAG 是一种非常重要的图论数据结构。如果一个有向图无法从任意顶点出发经过若干条边回到该点,则这个图就是有向无环图,具体如图 3-10 所示。

图 3-10   DAG 有向无环图

从图 3-10 可以看出,4→6→1→2 是一条路径,4→6→5 也是一条路径,并且图中不存在从顶点经过若干条边后能回到该点的路径。在 Spark 中,有向无环图的连贯关系被用来表达 RDD 之间的依赖关系。其中,顶点表示 RDD 及产生该 RDD 的操作算子,有方向的边表示算子之间的相互转化。

根据 RDD 之间依赖关系的不同可以将 DAG 划分成不同的 Stage(调度阶段)。对于窄依赖来说,RDD 分区的转换处理是在一个线程里完成的,所以窄依赖会被 Spark 划分到同一个 Stage 中;而对于宽依赖来说,由于有 Shuffle 的存在,所以只能在父 RDD 处理完成后,下一个 Stage 才能开始接下来的计算,因此宽依赖是划分 Stage 的依据,当 RDD 进行转换操作,遇到宽依赖类型的转换操作时,就划为一个 Stage。Stage 的具体划分如图 3-11 所示。

在图 3-11 中,创建了 3 个 RDD 的实例 A、C 以及 E。当 RDD 的实例 A 进行 groupByKey 转换操作生成 B 时,由于 groupByKey 转换操作属于宽依赖类型,所以就把实例 A 划分为一个 Stage,如 Stage1;当实例 C 进行 map 转换操作生成 D,D 与实例 E 进行 union 转换操作生成 F 时,由于 map 和 union 转换操作都属于窄依赖类型,因此不进行 Stage 的划分,而是将 C、D、E、F 加入到同一个 Stage 中;当 F 与 B 进行 join 转换操作时,由于这时的 join 操作是非协同划分,所以属于宽依赖,因此会划分为一个 Stage,如 Stage2;剩下的 B 和 G 被划分为一个 Stage,如 Stage3。

3.7.2 RDD 在 Spark 中的运行流程

下面,通过图 3-12 来学习 RDD 在 Spark 中的运行流程。

在图 3-12 中,Spark 的任务调度流程分为 RDD Objects、DAGScheduler、TaskScheduler 以及 Worker 4 个部分。关于这 4 个部分的介绍具体如下。

(1) RDD Objects:当 RDD 对象创建后,SparkContext 会根据 RDD 对象构建 DAG 有向无环图,然后将 DAG 提交给 DAGScheduler。

(2) DAGScheduler:将作业的 DAG 划分成不同的 Stage,每个 Stage 都是 TaskSet 任务集合,并以 TaskSet 为单位提交给 TaskScheduler。

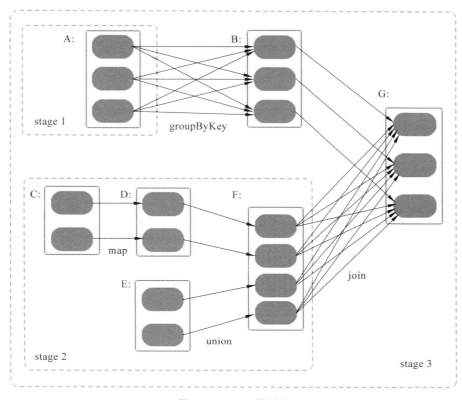

图 3-11　Stage 的划分

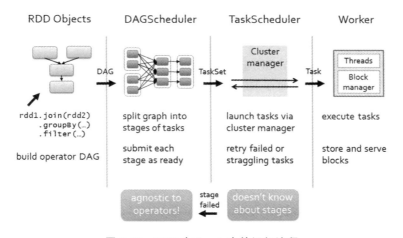

图 3-12　RDD 在 Spark 中的运行流程

（3）TaskScheduler：通过 TaskSetManager 管理 Task，并通过集群中的资源管理器
（Standalone 模式下是 Master，Yarn 模式下是 ResourceManager）把 Task 发给集群中 Worker 的
Executor。若期间有某个 Task 失败，则 TaskScheduler 会重试；若 TaskScheduler 发现某个
Task 一直没有运行完成，则有可能在空闲的机器上启动同一个 Task，哪个 Task 先完成就用哪
个 Task 的结果。但是，无论 Task 是否成功，TaskScheduler 都会向 DAGScheduler 汇报当前的

状态,若某个 Stage 运行失败,则 TaskScheduler 会通知 DAGScheduler 重新提交 Task。需要注意的是,一个 TaskScheduler 只能服务一个 SparkContext 对象。

(4) Worker：Spark 集群中的 Worker 接收到 Task 后,把 Task 运行在 Executor 进程中,这个 Task 就相当于 Executor 进程中的一个线程。一个进程中可以有多个线程在工作,从而可以处理多个数据分区(如运行任务、读取或者存储数据)。

3.8　本章小结

本章主要介绍 RDD 及 RDD 编程的相关知识,包括 RDD 创建、RDD 的处理、RDD 的分区、RDD 的依赖关系、RDD 的容错机制以及 Spark 的任务调度。希望读者通过本章的学习,可以掌握 RDD 编程,因为掌握了 RDD,可以帮助读者更好地使用 Spark 框架解决实际应用中的数据分析问题。

3.9　课后习题

一、填空题

1. RDD 是_____的一个抽象概念,也是一个_____、并行的数据结构。
2. RDD 的操作主要分为 _____和_____。
3. RDD 的依赖关系有 _____和_____。
4. RDD 的分区方式有 _____和_____。
5. RDD 的容错方式有_____和_____。

二、判断题

1. RDD 是一个可变、不可分区、里面的元素是可并行计算的集合。　　　　　(　　)
2. RDD 采用了惰性调用,即在 RDD 的处理过程中,真正的计算发生在 RDD 的"行动"操作。　　　　　(　　)
3. 宽依赖是指每一个父 RDD 的 Partition(分区)最多被子 RDD 的一个 Partition 使用。　　　　　(　　)
4. 如果一个有向图可以从任意顶点出发经过若干条边回到该点,则这个图就是有向无环图。　　　　　(　　)
5. 窄依赖是划分 Stage 的依据。　　　　　(　　)

三、选择题

1. 下列方法中,用于创建 RDD 的方法是(　　)。
   A. makeRDD()　　　B. parallelize()　　　C. textFile()　　　D. testFile()
2. 下列选项中,哪个不属于转换算子操作? (　　)
   A. filter(func)　　　　　　　　　B. map(func)
   C. reduce(func)　　　　　　　　D. reduceByKey(func)

3. 下列选项中,能使 RDD 产生宽依赖的是(　　　)。

    A. map(func)　　　　B. filter(func)　　　　C. union　　　　D. groupByKey()

四、简答题

1. 简述 RDD 提供的两种故障恢复方法。

2. 简述如何在 Spark 中划分 Stage。

五、编程题

通过 Spark 的 RDD 编程,实现词频统计的功能。

提示:对文件 test.txt(内容如文件 3-1 所示)进行词频统计。

第 4 章

Spark SQL结构化数据文件处理

学习目标

- 理解 Spark SQL 的基本概念及其架构。
- 掌握 DataFrame/Dataset 的常用操作。
- 掌握 RDD 转换 DataFrame 的方式。
- 掌握通过 Spark SQL 操作数据源的方法。

在很多情况下,开发工程师并不了解 Scala 语言,也不了解 Spark 常用 API,但又非常想要使用 Spark 框架提供的强大的数据分析能力。Spark 的开发工程师们考虑到了这个问题,利用 SQL 的语法简洁、学习门槛低以及在编程语言普及程度和流行程度高等诸多优势,开发了 Spark SQL 模块,通过 Spark SQL,开发人员能够通过使用 SQL 语句,实现对结构化数据的处理。本章将针对 Spark SQL 的基本原理和使用方式进行详细讲解。

4.1 Spark SQL 的基础知识

Spark SQL 是 Spark 用来处理结构化数据的一个模块,它提供了一个叫作 DataFrame 的编程抽象结构数据模型(即带有 Schema 信息的 RDD),Spark SQL 作为分布式 SQL 查询引擎,让用户可以通过 SQL、DataFrame API 和 Dataset API 三种方式实现对结构化数据的处理。但无论是哪种 API 或者是编程语言,都是基于同样的执行引擎,因此可以在不同的 API 之间随意切换。

4.1.1 Spark SQL 的简介

Spark SQL 的前身是 Shark,Shark 最初是美国加州大学伯克利分校的实验室开发的 Spark 生态系统的组件之一,它运行在 Spark 系统之上,Shark 重用了 Hive 的工作机制,并直接继承了 Hive 的各个组件,Shark 将 SQL 语句的转换从 MapReduce 作业替换成了 Spark 作业,虽然这样提高了计算效率,但由于 Shark 过于依赖 Hive,因此在版本迭代时很难添加新的优化策略,从而限制了 Spark 的发展,在 2014 年,伯克利实验室停止了对 Shark 的维护,转向 Spark SQL 的开发。Spark SQL 主要提供了以下 3 个功能。

(1) Spark SQL 可以从各种结构化数据源(如 JSON、Hive、Parquet 等)中读取数据,进行数据分析。

(2) Spark SQL 包含行业标准的 JDBC 和 ODBC 连接方式,因此它不局限于在 Spark

程序内使用 SQL 语句进行查询。

（3）Spark SQL 可以无缝地将 SQL 查询与 Spark 程序进行结合，它能够将结构化数据作为 Spark 中的分布式数据集（RDD）进行查询，在 Python、Scala 和 Java 中均集成了相关 API，这种紧密的集成方式能够轻松地运行 SQL 查询以及复杂的分析算法。

总体来说，Spark SQL 支持多种数据源的查询和加载，兼容 Hive，可以使用 JDBC/ODBC 的连接方式来执行 SQL 语句，它为 Spark 框架在结构化数据分析方面提供重要的技术支持。

4.1.2　Spark SQL 架构

Spark SQL 兼容 Hive，这是因为 Spark SQL 架构与 Hive 底层结构相似，Spark SQL 复用了 Hive 提供的元数据仓库（Metastore）、HiveQL、用户自定义函数（UDF）以及序列化和反序列工具（SerDes），下面通过图 4-1 深入了解 Spark SQL 底层架构。

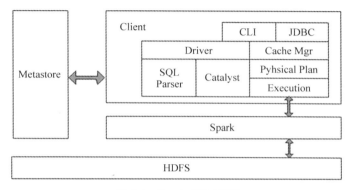

图 4-1　Spark SQL 架构

从图 4-1 中可以看出，Spark SQL 架构与 Hive 架构相比，除了把底层的 MapReduce 执行引擎更改为 Spark，还修改了 Catalyst 优化器，Spark SQL 快速的计算效率得益于 Catalyst 优化器。从 HiveQL 被解析成语法抽象树起，执行计划生成和优化的工作全部交给 Spark SQL 的 Catalyst 优化器负责和管理。

Catalyst 优化器是一个新的可扩展的查询优化器，它是基于 Scala 函数式编程结构的，Spark SQL 开发工程师设计可扩展架构主要是为了在今后的版本迭代时，能够轻松地添加新的优化技术和功能，尤其是为了解决大数据生产环境中遇到的问题（例如，针对半结构化数据和高级数据分析），另外，Spark 作为开源项目，外部开发人员可以针对项目需求自行扩展 Catalyst 优化器的功能。下面通过图 4-2 描述 Spark SQL 的运行架构。

Spark 要想很好地支持 SQL，就需要完成解析（parser）、优化（optimizer）、执行（execution）三大过程。Catalyst 优化器在执行计划生成和优化的工作时候，它离不开自己内部的五大组件，具体介绍如下。

- Parse 组件：该组件根据一定的语义规则（即第三方类库 ANTLR）将 SparkSql 字符串解析为一个抽象语法树 AST。
- Analyze 组件：该组件会遍历整个 AST，并对 AST 上的每个节点进行数据类型的绑定以及函数绑定，然后根据元数据信息 Catalog 对数据表中的字段进行解析。
- Optimizer 组件：该组件是 Catalyst 的核心，主要分为 RBO 和 CBO 两种优化策略，

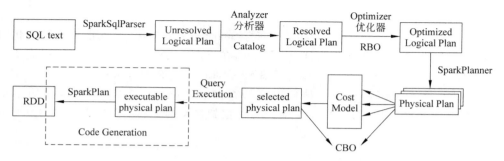

图 4-2　Spark SQL 工作原理

其中 RBO 是基于规则优化,CBO 是基于代价优化。

- SparkPlanner 组件:优化后的逻辑执行计划 OptimizedLogicalPlan 依然是逻辑的,并不能被 Spark 系统理解,此时需要将 OptimizedLogicalPlan 转换成 physical plan(物理计划)。
- CostModel 组件:主要根据过去的性能统计数据,选择最佳的物理执行计划。

在了解了上述组件的作用后,下面分步骤讲解 Spark SQL 工作流程。

(1) 在解析 SQL 语句之前,会创建 SparkSession,涉及表名、字段名称和字段类型的元数据都将保存在 Catalog 中;

(2) 当调用 SparkSession 的 sql()方法时就会使用 SparkSqlParser 进行解析 SQL 语句,解析过程中使用的 ANTLR 进行词法解析和语法解析;

(3) 使用 Analyzer 分析器绑定逻辑计划,在该阶段,Analyzer 会使用 Analyzer Rules,并结合 Catalog,对未绑定的逻辑计划进行解析,生成已绑定的逻辑计划;

(4) Optimizer 根据预先定义好的规则(RBO)对 Resolved Logical Plan 进行优化并生成 Optimized Logical Plan(最优逻辑计划);

(5) 使用 SparkPlanner 对优化后的逻辑计划进行转换,生成多个可以执行的物理计划 Physical Plan;

(6) CBO 优化策略会根据 Cost Model 算出每个 Physical Plan 的代价,并选取代价最小的 Physical Plan 作为最终的 Physical Plan;

(7) 使用 QueryExecution 执行物理计划,此时则调用 SparkPlan 的 execute()方法,返回 RDD。

4.2　DataFrame 的基础知识

4.2.1　DataFrame 简介

Spark SQL 使用的数据抽象并非是 RDD,而是 DataFrame。在 Spark 1.3.0 版本之前,DataFrame 被称为 SchemaRDD。DataFrame 使 Spark 具备了处理大规模结构化数据的能力。在 Spark 中,DataFrame 是一种以 RDD 为基础的分布式数据集,因此 DataFrame 可以完成 RDD 的绝大多数功能,在开发使用时,也可以调用方法将 RDD 和 DataFrame 进行相互转换。DataFrame 的结构类似于传统数据库的二维表格,并且可以从很多数据源中创建,如结构化文件、外部数据库、Hive 表等数据源。下面,通过图 4-3 来了解 DataFrame 与

RDD 在结构上的区别。

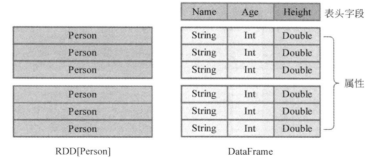

图 4-3　DataFrame 与 RDD 区别

在图 4-3 中，左侧为 RDD[Person]数据集，右侧是 DataFrame 数据集。DataFrame 可以看作是分布式的 Row 对象的集合，在二维表数据集的每一列都带有名称和类型，这就是 Schema 元信息，这使得 Spark 框架可以获取更多的数据结构信息，从而对在 DataFrame 背后的数据源以及作用于 DataFrame 上数据变换进行针对性的优化，最终达到大幅提升计算效率的目的；同时，DataFrame 与 Hive 类似，支持嵌套数据类型（如 Struct、Array、Map）。

RDD 是分布式的 Java 对象的集合，如图 4-3 中的 RDD[Person]数据集，虽然它以 Person 为类型参数，但是对象内部之间的结构相对于 Spark 框架本身是无法得知的，这样在转换数据形式时效率相对较低。

总的来说，DataFrame 除了提供比 RDD 更丰富的算子以外，更重要的特点是提升 Spark 框架执行效率、减少数据读取时间以及优化执行计划。有了 DataFrame 这个更高层次的抽象后，处理数据就更加简单了，甚至可以直接用 SQL 来处理数据，这对于开发者来说，易用性有了很大的提升。不仅如此，通过 DataFrame API 或 SQL 处理数据时，Spark 优化器（Catalyst）会自动优化代码，即使写的程序或 SQL 不高效，程序也可以高效地执行。

4.2.2　DataFrame 的创建

在 Spark 2.0 版本之前，Spark SQL 中的 SQLContext 是创建 DataFrame 和执行 SQL 的入口，可以利用 HiveContext 接口，通过 HiveQL 语句操作 Hive 表数据，实现数据查询功能。而在 Spark 2.0 之后，Spark 使用全新的 SparkSession 接口替代 SQLContext 及 HiveContext 接口完成数据的加载、转换、处理等功能。

创建 SparkSession 对象可以通过 SparkSession.builder().getOrCreate()方法获取，但使用 Spark-Shell 编写程序时，Spark-Shell 客户端会默认提供了一个名为 sc 的 SparkContext 对象和一个名为 spark 的 SparkSession 对象，因此可以直接使用这两个对象，不需要自行创建。启动 Spark-Shell 命令如下所示。

```
$ spark-shell --master local[2]
```

在启动 Spark-Shell 完成后，效果如图 4-4 所示。

从图 4-4 中可以看出，SparkContext、SparkSession 对象已创建完成。创建 DataFrame 有多种方式，最基本的方式是从一个已经存在的 RDD 调用 toDF()方法进行转换得到 DataFrame，或者通过 Spark 读取数据源直接创建。

在创建 DataFrame 之前,为了支持 RDD 转换成 DataFrame 及后续的 SQL 操作,需要导入 spark. implicits. _包启用隐式转换。若使用 SparkSession 方式创建 DataFrame,可以使用 spark. read 操作,从不同类型的文件中加载数据创建 DataFrame,具体操作 API 如表 4-1 所示。

图 4-4　启动 Spark-Shell

表 4-1　spark. read 操作

代 码 示 例	描　　述
spark. read. text("people. txt")	读取 txt 格式的文本文件,创建 DataFrame
spark. read. csv ("people. csv")	读取 csv 格式的文本文件,创建 DataFrame
spark. read. json("people. json")	读取 json 格式的文本文件,创建 DataFrame
spark. read. parquet("people. parquet")	读取 parquet 格式的文本文件,创建 DataFrame

下面通过具体示例演示如何用不同方式创建 DataFrame。

1. 数据准备

在 HDFS 文件系统的/spark 目录中有一个 person. txt 文件,内容如文件 4-1 所示。

文件 4-1　person. txt

```
1   zhangsan 20
2   lisi 29
3   wangwu 25
4   zhaoliu 30
5   tianqi 35
6   jerry 40
```

2. 通过文件直接创建 DataFrame

通过 Spark 读取数据源的方式创建 DataFrame,在 Spark-Shell 中输入下列代码:

```
scala >val personDF =spark.read.text("/spark/person.txt")
personDF: org.apache.spark.sql.DataFrame =[value: String]
scala >personDF.printSchema()
```

```
root
 |--value: String (Nullable =true)
```

从上述返回结果 personDF 的属性可以看出，DataFrame 对象创建完成，之后调用 DataFrame 的 printSchema()方法可以打印当前对象的 Schema 元数据信息。从返回结果可以看出，当前 value 字段是 String 数据类型，并且还可以为 Null。

使用 DataFrame 的 show()方法可以查看当前 DataFrame 的结果数据，具体代码和返回结果如下所示。

```
scala >personDF.show()
+-----------+
|   value   |
+-----------+
|1 zhangsan  20 |
|2 lisi      29 |
|3 wangwu    25 |
|4 zhaoliu   30 |
|5 tianqi    35 |
|6 jerry     40 |
+-----------+
```

从上述返回结果可以看出，当前 personDF 对象中的 6 条记录就对应了 person.txt 文本文件中的数据。

3. RDD 转换 DataFrame

调用 RDD 的 toDF()方法，可以将 RDD 转换为 DataFrame 对象，具体代码如下所示。

```
1  scala >val lineRDD =sc.textFile("/spark/person.txt").map(_.split(" "))
2  lineRDD: org.apache.spark.rdd.RDD[Array[String]] =MapPartitionsRDD[6] at
3  map at <console>:24
4  scala >case class Person(id:Int,name:String,age:Int)
5  defined class Person
6  scala >val personRDD =
              lineRDD.map(x =>Person(x(0).toInt, x(1), x(2).toInt))
7  personRDD: org.apache.spark.rdd.RDD[Person] =MapPartitionsRDD[7] at map
8  at <console>:27
9  scala >val personDF =personRDD.toDF()
10 personDF: org.apache.spark.sql.DataFrame =[id: int, name: string ...1 more
11 field]
12 scala >personDF.show
13 +----+--------+----+
14 |id |  name  |age |
15 +----+--------+----+
16 |1  |zhangsan |20 |
17 |2  |lisi     |29 |
```

```
18  |3    | wangwu    |   25  |
19  |4    | zhaoliu   |   30  |
20  |5    | tianqi    |   35  |
21  |6    | jerry     |   40  |
22  +----+---------+-----+
23  scala >personDF.printSchema
24  root
25  |--id: integer (nullable =false)
26  |--name: string (nullable =true)
27  |--age: integer (nullable =false)
```

在上述代码中,第 1 行代码将文本文件转换成 RDD;第 4 行代码定义 Person 样例类,相当于定义表的 Schema 元数据信息;第 6 行代码表示使 RDD 中的数组数据与样例类进行关联,最终会将 RDD[Array[String]]更改为 RDD[Person];第 9 行代码表示调用 RDD 的 toDF()方法,就可以把 RDD 转换成 DataFrame。第 12～27 行代码表示调用 DataFrame 方法,从返回结果可以看出,RDD 对象成功转换为 DataFrame。

4.2.3 DataFrame 的常用操作

DataFrame 提供了两种语法风格,即 DSL 风格语法和 SQL 风格语法,两者在功能上并无区别,仅仅是根据用户习惯,自定义选择操作方式。接下来,通过两种语法风格,分别讲解 DataFrame 操作的具体方法。

1. DSL 风格操作

DataFrame 提供了一种领域特定语言(DSL)以方便操作结构化数据,下面针对 DSL 操作风格,讲解 DataFrame 常用操作示例。

(1) show():查看 DataFrame 中的具体内容信息。

(2) printSchema():查看 DataFrame 的 Schema 信息。

(3) select():查看 DataFrame 中选取部分列的数据。

下面演示并查看 personDF 对象的 name 字段数据,具体代码如下所示。

```
scala >personDF.select(personDF.col("name")).show()
+---------+
|   name  |
+---------+
|zhangsan |
|   lisi  |
|  wangwu |
| zhaoliu |
|  tianqi |
|  jerry  |
+---------+
```

上述代码中,查询 name 字段的数据还可以直接使用 personDF. select("name"). show 代码直接查询。

select()操作还可以实现对列名进行重命名,具体代码如下所示。

```
scala >personDF.select(personDF("name").as("username"),
                                            personDF("age")).show()

+--------+---+
|username |age |
+--------+---+
|zhangsan | 20 |
| lisi    | 29 |
| wangwu  | 25 |
| zhaoliu | 30 |
| tianqi  | 35 |
| jerry   | 40 |
+--------+---+
```

从返回结果看出,原 name 字段重命名为 username 字段。

(4) filter():实现条件查询,过滤出想要的结果。

下面演示过滤 age 大于或等于 25 的数据,具体代码如下所示。

```
scala >personDF.filter(personDF("age") >=25).show()
+---+-------+---+
| id | name   |age |
+---+-------+---+
| 2 | lisi   | 29 |
| 3 | wangwu | 25 |
| 4 | zhaoliu| 30 |
| 5 | tianqi | 35 |
| 6 | jerry  | 40 |
+---+-------+---+
```

从上述返回结果可以看出,成功过滤出 age 大于或等于 25 岁的数据。

(5) groupBy():对记录进行分组。

下面演示按年龄进行分组并统计相同年龄的人数,具体代码如下所示。

```
scala >personDF.groupBy("age").count().show()
+---+-----+
|age |count |
+---+-----+
| 20 | 1 |
| 40 | 1 |
| 35 | 1 |
| 25 | 1 |
| 29 | 1 |
| 30 | 1 |
+---+-----+
```

从上述返回结果可以看出,groupBy()成功统计出相同年龄的人数信息。

(6) sort():对特定字段进行排序操作。

下面演示按年龄降序排列,具体代码如下所示。

```
scala >personDF.sort(personDF("age").desc).show()
+---+---------+---+
| id | name      |age |
+---+---------+---+
| 6  | jerry     | 40 |
| 5  | tianqi    | 35 |
| 4  | zhaoliu   | 30 |
| 2  | lisi      | 29 |
| 3  | wangwu    | 25 |
| 1  |zhangsan   | 20 |
+---+---------+---+
```

从上述返回结果看出,数据成功按照年龄降序排列。

2. SQL 风格操作

DataFrame 的强大之处就是可以将它看作是一个关系型数据表,然后可以在程序中直接使用 spark. sql()的方式执行 SQL 查询,结果将作为一个 DataFrame 返回。使用 SQL 风格操作的前提是需要将 DataFrame 注册成一个临时表,代码如下所示。

```
scala >personDF.registerTempTable("t_person")
```

下面通过多个示例,演示使用 SQL 风格方式操作 DataFrame。
(1) 查询年龄最大的两个人的信息,具体执行代码如下所示。

```
scala >spark.sql("select * from t_person order by age desc limit 2").show()
+---+------+---+
| id | name   |age |
+---+------+---+
| 6  | jerry  | 40 |
| 5  | tianqi | 35 |
+---+------+---+
```

(2) 查询年龄大于 25 岁的人的信息,具体代码如下所示。

```
scala >spark.sql("select * from t_person where age >25").show()
+---+-------+---+
| id | name     |age |
+---+-------+---+
| 2  | lisi    | 29 |
| 4  | zhaoliu | 30 |
| 5  | tianqi  | 35 |
| 6  | jerry   | 40 |
+---+-------+---+
```

DataFrame 操作方式简单,并且功能强大,熟悉 SQL 语法的开发者都能够快速地掌握 DataFrame 的操作,本节只讲解了部分常用的操作方式,读者可通过 Spark 官方文档详细学习 DataFrame 的操作方式。

4.3　Dataset 的基础知识

4.3.1　Dataset 简介

Dataset 是从 Spark 1.6 Alpha 版本中引入的一个新的数据抽象结构,最终在 Spark 2.0 版本被定义成 Spark 新特性。Dataset 提供了特定域对象中的强类型集合,也就是在 RDD 的每行数据中添加了类型约束条件,只有满足约束条件的数据类型才能正常运行。Dataset 结合了 RDD 和 DataFrame 的优点,并且可以调用封装的方法以并行方式进行转换等操作。下面通过图 4-5 来理解 RDD、DataFrame 与 Dataset 三者的区别。

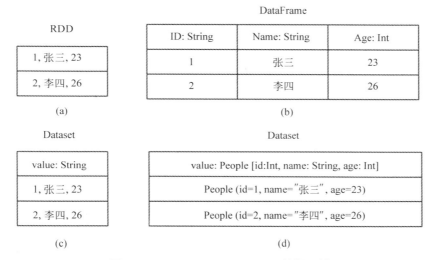

图 4-5　RDD、DataFrame、Dataset 数据示例

图 4-5(a)～图 4-5(d)分别展示了不同数据类型的抽象结构,其中:

图 4-5(a)所示是基本的 RDD 数据的表现形式,此时 RDD 数据没有数据类型和元数据信息;

图 4-5(b)所示是 DataFrame 数据的表现形式,此时 DataFrame 数据中添加了 Schema 元数据信息(列名和数据类型,如 ID：String),DataFrame 每一行的类型固定为 Row 类型,每一列的值无法直接访问,只有通过解析才能获取各个字段的值;

图 4-5(c)、图 4-5(d)所示都是 Dataset 数据的表现形式,其中图 4-5(c)所示是在 RDD 每一行数据的基础之上,添加了一个数据类型(value：String)作为 Schema 元数据信息。而图 4-5(d)则针对每行数据添加了 People 强数据类型,在 Dataset[Person]中存放的是 3 个字段和属性,Dataset 每一行数据类型都可以自己定义,一旦定义后,就具有严格的错误检查机制。

4.3.2　Dataset 对象的创建

创建 Dataset 可以通过 SparkSession 中的 createDataset 来创建,具体代码如下。

```
scala >val personDs=
                spark.createDataset(sc.textFile("/spark/person.txt"))
personDs: org.apache.spark.sql.Dataset[String] =[value: string]
scala >personDs.show()
+-------------+
|    value    |
+-------------+
|1 zhangsan  20 |
|2 lisi      29 |
|3 wangwu    25 |
|4 zhaoliu   30 |
|5 tianqi    35 |
|6 jerry     40 |
+-------------+
```

从上述返回结果 personDs 的属性可以看出，Dataset 从已存在的 RDD 中构建成功，并且赋予 value 为 String 类型。Dataset 和 DataFrame 拥有完全相同的成员函数，通过 show()方法可以展示 personDs 中数据的具体内容。

Dataset 不仅能从 RDD 中构建，它与 DataFrame 也可以互相转换，DataFrame 可以通过 as[ElementType]方法转换为 Dataset，同样 Dataset 也可以使用 toDF()方法转换为 DataFrame，具体代码如下。

```
scala>spark.read.text("/spark/person.txt").as[String]
res14: org.apache.spark.sql.Dataset[String] =[value: string]
scala>spark.read.text("/spark/person.txt").as[String].toDF()
res15: org.apache.spark.sql.DataFrame =[value: string]
```

Dataset 操作与 DataFrame 大致相同，读者可查看 Spark 官方 API 文档详细学习更多的 Dataset 操作。

4.4   RDD 转换为 DataFrame

Spark 官方提供了两种方法实现从 RDD 转换得到 DataFrame。第一种方法是利用反射机制来推断包含特定类型对象的 Schema，这种方式适用于对已知数据结构的 RDD 转换；第二种方法通过编程接口构造一个 Schema，并将其应用在已知的 RDD 数据中。接下来本节将讲解这两种转换方法。

4.4.1   反射机制推断 Schema

在 Windows 系统下开发 Scala 代码，可以使用本地环境测试，因此首先需要在本地磁盘准备文本数据文件，这里将 HDFS 中的/spark/person.txt 文件下载到本地 D:/spark/person.txt 路径下。从文件 4-1 可以看出，当前数据文件共 3 列，可以非常容易地分析出这 3 列分别是编号、姓名、年龄。但是计算机无法像人一样直观地感受字段的实际含义，因此需要通过反射机制来推断包含特定类型对象的 Schema 信息。

接下来打开 IDEA 开发工具,创建名为 spark_chapter04 的 Maven 工程,讲解实现反射机制推断 Schema 的开发流程。

1. 添加 Spark SQL 依赖

在 pom. xml 文件中添加 Spark SQL 依赖,代码片段如下所示。

```
<dependency>
    <groupId>org.apache.spark</groupId>
    <artifactId>spark-sql_2.11</artifactId>
    <version>2.3.2</version>
</dependency>
```

2. 编写代码

实现反射机制推断 Schema 需要定义一个 case class 样例类,定义字段和属性,样例类的参数名称会被反射机制利用作为列名,编写代码如文件 4-2 所示。

文件 4-2　CaseClassSchema. scala

```
1   import org.apache.spark.SparkContext
2   import org.apache.spark.rdd.RDD
3   import org.apache.spark.sql.{DataFrame, Row, SparkSession}
4   //定义样例类
5   case class Person(id:Int,name:String,age:Int)
6   object CaseClassSchema {
7       def main(args: Array[String]): Unit ={
8           //1.构建 SparkSession
9           val spark : SparkSession =SparkSession.builder()
10                             .appName("CaseClassSchema ")
11                             .master("local[2]")
12                             .getOrCreate()
13          //2.获取 SparkContext
14          val sc : SparkContext =spark.sparkContext
15          //设置日志打印级别
16          sc.setLogLevel("WARN")
17          //3.读取文件
18          val data: RDD[Array[String]] =
19              sc.textFile("D://spark//person.txt").map(x=>x.split(" "))
20          //4.将 RDD 与样例类关联
21          val personRdd: RDD[Person] =
22                          data.map(x=>Person(x(0).toInt,x(1),x(2).toInt))
23          //5.获取 DataFrame
24          //手动导入隐式转换
25          import spark.implicits._
26          val personDF: DataFrame =personRdd.toDF
27          //-----------DSL 风格操作开始-------------
28          //1.显示 DataFrame 的数据,默认显示 20 行
```

```
29          personDF.show()
30          //2.显示 DataFrame 的 schema 信息
31          personDF.printSchema()
32          //3.统计 DataFrame 中年龄大于 30 岁的人数
33          println(personDF.filter($"age">30).count())
34          //-----------DSL 风格操作结束------------
35          //-----------SQL 风格操作开始------------
36          //将 DataFrame 注册成表
37          personDF.createOrReplaceTempView("t_person")
38          spark.sql("select * from t_person").show()
39          spark.sql("select * from t_person where name='zhangsan'").show()
40          //-----------SQL 风格操作结束------------
41          //关闭资源操作
42          sc.stop()
43          spark.stop()
44      }
45 }
```

在文件 4-2 中,第 5 行代码表示定义了一个 Person 的 case 类,这是因为在利用反射机制推断 RDD 模式时,首先需要定义一个 case 类,因为 Spark SQL 能够自动将包含 case 类的 RDD 隐式转换成 DataFrame,case 类定义了 Table 的结构,case 类的属性通过反射机制变成表的列名。第 9~14 行代码中通过 SparkSession. builder()方法构建名为 spark 的 SparkSession 对象,并通过 spark 对象获取 SparkContext。第 18~26 行代码中,通过 sc 对象读取文件,系统会将文件加载到内存中生成一个 RDD,将 RDD 与 case class Person 进行匹配,personRdd 对象即为 RDD[Person],toDF()方法是将 RDD 转换为 DataFrame,在调用 toDF()方法之前需要手动添加 spark. implicits. _包。第 27~39 行代码表示当前创建 DataFrame 对象后,使用 DSL 和 SQL 两种语法操作风格进行数据查询。DataFrame 操作和之前在 Spark-Shell 操作示例大致相同,因此这里不再展示执行效果。

4.4.2 编程方式定义 Schema

当 case 类不能提前定义的时候,就需要采用编程方式定义 Schema 信息,定义 DataFrame 主要包含 3 个步骤,具体如下:

(1) 创建一个 Row 对象结构的 RDD;

(2) 基于 StructType 类型创建 Schema;

(3) 通过 SparkSession 提供的 createDataFrame()方法来拼接 Schema。

根据上述步骤,创建 SparkSqlSchema. scala 文件,使用编程方式定义 Schema 信息的具体代码如文件 4-3 所示。

文件 4-3 SparkSqlSchema. scala

```
1   import org.apache.spark.SparkContext
2   import org.apache.spark.rdd.RDD
3   import org.apache.spark.sql.types.
4                   {IntegerType, StringType, StructField, StructType}
```

```
5     import org.apache.spark.sql.{DataFrame, Row, SparkSession}
6     object SparkSqlSchema {
7        def main(args: Array[String]): Unit = {
8           //1.创建 SparkSession
9           val spark: SparkSession = SparkSession.builder()
10               .appName("SparkSqlSchema")
11               .master("local[2]")
12               .getOrCreate()
13          //2.获取 sparkContext 对象
14          val sc: SparkContext = spark.sparkContext
15          //设置日志打印级别
16          sc.setLogLevel("WARN")
17          //3.加载数据
18          val dataRDD: RDD[String] = sc.textFile("D://spark//person.txt")
19          //4.切分每一行
20          val dataArrayRDD: RDD[Array[String]] = dataRDD.map(_.split(" "))
21          //5.加载数据到 Row 对象中
22          val personRDD: RDD[Row] =
23                  dataArrayRDD.map(x=>Row(x(0).toInt,x(1),x(2).toInt))
24          //6.创建 Schema
25          val schema:StructType=StructType(Seq(
26              StructField("id", IntegerType, false),
27              StructField("name", StringType, false),
28              StructField("age", IntegerType, false)
29          ))
30          //7.利用 personRDD 与 Schema 创建 DataFrame
31          val personDF: DataFrame = spark.createDataFrame(personRDD,schema)
32          //8.DSL 操作显示 DataFrame 的数据结果
33          personDF.show()
34          //9.将 DataFrame 注册成表
35          personDF.createOrReplaceTempView("t_person")
36          //10.sql 语句操作
37          spark.sql("select * from t_person").show()
38          //11.关闭资源
39          sc.stop()
40          spark.stop()
41       }
42    }
```

在文件 4-3 中,第 9~23 行代码表示将文件转换成为 RDD 的基本步骤,第 25~29 行代码即为编程方式定义 Schema 的核心代码,Spark SQL 提供了 Class StructType(val fields:Array[StructField])类来表示模式信息,生成一个 StructType 对象,需要提供 fields 作为输入参数,fields 是一个集合类型,StructField(name,dataType,nullable)参数分别表示为字段名称、字段数据类型、字段值是否允许为空值,根据 person. txt 文本数据文件分别设置 id、name、age 字段作为 Schema,第 31 行代码表示通过调用 spark. createDataFrame()方法将RDD 和 Schema 进行合并转换为 DataFrame,第 33~40 行代码即为操作 DataFrame 进行数据查询。

4.5　Spark SQL 操作数据源

Spark SQL 能够通过 DataFrame 和 Dataset 操作多种数据源执行 SQL 查询,并且提供了多种数据源之间的转换方式,接下来,本节将讲解通过 Spark SQL 操作 MySQL、Hive 两种常见数据源的方法。

4.5.1　操作 MySQL

Spark SQL 可以通过 JDBC 从关系数据库中读取数据创建 DataFrame,通过对 DataFrame 进行一系列的操作后,还可以将数据重新写入到关系数据库中。关于 Spark SQL 对 MySQL 数据库的相关操作具体如下。

1. 读取 MySQL 数据库

通过 SQLyog 工具远程连接 hadoop01 节点的 MySQL 服务,利用可视化操作界面创建名称为 spark 的数据库,并创建名称为 person 的数据表,向表中添加数据。

同样也可以在 hadoop01 节点上使用 MySQL 客户端创建数据库、数据表以及插入数据,具体命令如下。

```
#启动 mysql 客户端
$mysql -u root -p            #屏幕提示输入密码
#创建名为 spark 的数据库
mysql >CREATE database spark;
#创建 person 数据表
mysql >CREATE TABLE person (id INT(4),NAME CHAR(20),age INT(4));
#插入数据
mysql >INSERT INTO person VALUE(1,'zhangsan',18);
mysql >INSERT INTO person VALUE(2,'lisi',20);
mysql >SELECT * FROM person;
```

数据库和数据表创建成功后,如果想通过 Spark SQL API 方式访问 MySQL 数据库,需要在 pom. xml 配置文件中添加 MySQL 驱动连接包,依赖参数如下。

```
<dependency>
    <groupId>mysql</groupId>
    <artifactId>mysql-connector-java</artifactId>
    <version>5.1.38</version>
</dependency>
```

当所需依赖添加完毕后,就可以编写代码读取 MySQL 数据库中的数据,具体代码如文件 4-4 所示。

文件 4-4　DataFromMysql. scala

```
1  import java.util.Properties
2  import org.apache.spark.sql.{DataFrame, SparkSession}
```

```
3   object DataFromMysql {
4      def main(args: Array[String]): Unit ={
5          //1. 创建 sparkSession 对象
6          val spark: SparkSession =SparkSession.builder()
7              .appName("DataFromMysql")
8              .master("local[2]")
9              .getOrCreate()
10         //2. 创建 Properties 对象,设置连接 MySQL 的用户名和密码
11         val properties: Properties =new Properties()
12         properties.setProperty("user","root")
13         properties.setProperty("password","123456")
14         //3. 读取 MySQL 中的数据
15         val mysqlDF : DataFrame =spark.read.jdbc
16           ("jdbc:mysql://192.168.121.134:3306/spark","person",properties)
17         //4. 显示 MySQL 中表的数据
18         mysqlDF.show()
19         spark.stop()
20      }
21   }
```

文件 4-4 中,第 15～16 行代码 spark.read.jdbc()方法可以实现读取 MySQL 数据库中的数据,它需要 url、table 和 properties 3 个参数,分别表示 JDBC 的 url、数据表名、数据库的用户名和密码。

运行文件 4-4 中的代码,控制台输出内容如图 4-6 所示。

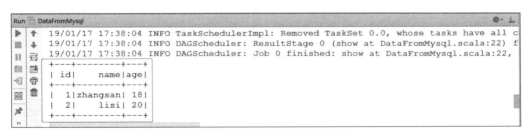

图 4-6　Spark SQL 查询 MySQL 数据

2. 向 MySQL 数据库写入数据

Spark SQL 不仅能够查询 MySQL 数据库中的数据,还可以向表中插入新的数据,实现方式的具体代码如文件 4-5 所示。

文件 4-5　SparkSqlToMysql. scala

```
1   import java.util.Properties
2   import org.apache.spark.rdd.RDD
3   import org.apache.spark.sql.{DataFrame, SparkSession}
4   //创建样例类 Person
5   case class Person(id:Int,name:String,age:Int)
6   object SparkSqlToMysql {
7      def main(args: Array[String]): Unit ={
```

```
8          //1.创建 sparkSession 对象
9          val spark: SparkSession =SparkSession.builder()
10              .appName("SparkSqlToMysql")
11              .master("local[2]")
12              .getOrCreate()
13         //2.创建数据
14         val data =spark.sparkContext
15                  .parallelize(Array("3,wangwu,22","4,zhaoliu,26"))
16         //3.按 MySQL 列名切分数据
17         val arrRDD: RDD[Array[String]] =data.map(_.split(","))
18         //4.RDD 关联 Person 样例类
19         val personRDD: RDD[Person] =
20                  arrRDD.map(x=>Person(x(0).toInt,x(1),x(2).toInt))
21         //导入隐式转换
22         import spark.implicits._
23         //5.将 RDD 转换成 DataFrame
24         val personDF: DataFrame =personRDD.toDF()
25         //6.设置 JDBC 配置参数
26         val prop =new Properties()
27         prop.setProperty("user","root")
28         prop.setProperty("password","123456")
29         prop.setProperty("driver","com.mysql.jdbc.Driver")
30         //7.写入数据
31         personDF.write.mode("append").jdbc(
32         "jdbc:mysql://192.168.121.134:3306/spark","spark.person",prop)
33         personDF.show()
34     }
35  }
```

在文件 4-5 中,第 5 行代码首先创建 case class Person 样例类;第 9~12 行代码用来创建 SparkSession 对象;第 14~15 行代码则通过 spark. SparkContext. parallelize()方法创建一个 RDD,该 RDD 值表示两个 person 数据;第 17~24 行代码表示将数据按照逗号切分并匹配 case class Person 中的字段用于转换成 DataFrame 对象;第 26~29 行代码表示设置 JDBC 配置参数,访问 MySQL 数据库;第 31 行代码 personDF. write. mode()方法表示设置写入数据方式,该参数 append 是一个枚举类型,枚举参数分别有 append、overwrite、errorIfExists、ignore 4 个值,分别表示为追加、覆盖、表如果存在即报错(该值为默认值)、忽略新保存的数据。

运行文件 4-5 中的代码,返回 SQLyog 工具查看当前数据表,数据表内容如图 4-7 所示。从图 4-7 可以看出,新数据被成功写入到 person 数据表。

4.5.2　操作 Hive 数据集

Apache Hive 是 Hadoop 上的 SQL 引擎,也是大数据系统中重要的数据仓库工具,Spark SQL 支持访问 Hive 数据仓库,然后在 Spark 引擎中进行统计分析。接下来介绍通过 Spark SQL 操作 Hive 数据仓库的具体实现步骤。

图 4-7　person 表数据

1. 准备环境

Hive 采用 MySQL 数据库存放 Hive 元数据,因此为了能够让 Spark 访问 Hive,就需要将 MySQL 驱动包复制到 Spark 安装路径下的 jars 目录下,具体命令如下。

```
$ cp mysql-connector-java-5.1.32.jar /export/servers/spark/jars/
```

要把 Spark SQL 连接到一个部署好的 Hive 时,就必须要把 hive-site.xml 配置文件复制到 Spark 的配置文件目录中,这里采用软连接方式,具体命令如下。

```
ln-s /export/servers/apache-hive-1.2.1-bin/conf/hive-site.xml \
/export/servers/spark/conf/hive-site.xml
```

2. 在 Hive 中创建数据库和表

接下来,首先在 hadoop01 节点上启动 Hive 服务,创建数据库和表,具体命令如下。

```
#启动 Hive 程序
$ hive
#创建数据仓库
hive > create database sparksqltest;
#创建数据表
hive > create table if not exists \
     sparksqltest.person(id int,name string,age int);
```

```
#切换数据库
hive >use sparksqltest;
#向数据表中添加数据
hive >insert into person values(1,"tom",29);
hive >insert into person values(2,"jerry",20);
```

目前,成功创建 person 数据表,并在该表中插入了两条数据,下面克隆 hadoop01 会话窗口,执行 Spark-Shell。

3. Spark SQL 操作 Hive 数据库

执行 Spark-Shell,首先进入 sparksqltest 数据仓库,查看当前数据仓库中是否存在 person 表,具体代码如下。

```
$ spark-shell --master spark://hadoop01:7077
scala >spark.sql("use sparksqltest")
res0: org.apache.spark.sql.DataFrame =[]
scala >spark.sql("show tables").show;
+------------+----------+-----------+
|  database  |tableName |isTemporary|
+------------+----------+-----------+
|sparksqltest| person   | false     |
+------------+----------+-----------+
```

从上述返回结果看出,当前 Spark-Shell 成功显示出 Hive 数据仓库中的 person 表。

4. 向 Hive 表写入数据

在插入数据之前,首先查看当前表中数据,具体代码如下。

```
scala>spark.sql("select * from person").show
+---+--------+---+
| id| name   |age|
+---+--------+---+
| 1 | tom    | 29|
| 2 | jerry  | 20|
+---+--------+---+
```

从上述返回结果看出,当前 person 表中仅有两条数据信息。

下面在 Spark-Shell 中编写代码,添加两条数据到 person 表中,具体代码如下。

```
1   scala >import java.util.Properties
2   scala >import org.apache.spark.sql.types._
3   scala >import org.apache.spark.sql.Row
4   #创建数据
5   scala >val personRDD =spark.sparkContext
6       .parallelize(Array("3 zhangsan 22","4 lisi 29")).map(_.split(" "))
7   #设置 personRDD 的 Schema
```

```
8    scala >val schema =
9            StructType(List(
10              StructField("id",IntegerType,true),
11              StructField("name",StringType,true),
12              StructField("age",IntegerType,true)))
13   #创建 Row 对象,每个 Row 对象都是 rowRDD 中的一行
14   scala >val rowRDD =
15              personRDD.map(p =>Row(p(0).toInt,p(1).trim,p(2).toInt))
16   #建立 rowRDD 与 Schema 对应关系,创建 DataFrame
17   scala >val personDF =spark.createDataFrame(rowRDD,schema)
18    #注册临时表
19    scala >personDF.registerTempTable("t_person")
20   #将数据插入 Hive 表
21   scala >spark.sql("insert into person select * from t_person")
22   #查询表数据
23   scala >spark.sql("select * from person").show
24   +---+---------+---+
25   | id | name    |age |
26   +---+---------+---+
27   |1  |    tom  | 29 |
28   |2  |jerry    | 20 |
29   |3  |zhangsan | 22 |
30   |4  |lisi     | 29 |
31   +---+---------+---+
```

上述代码中,第 5～6 行代码表示先创建两条数据,并将其转换为 RDD 格式;由于 Hive 表中含有 Schema 信息,因此在第 8～12 行代码中采用编程方式定义 Schema 信息;第 14～17 行代码表示创建相应的 DataFrame 对象;第 19～23 行代码表示通过 DataFrame 对象向 Hive 表中插入新数据。从第 24～31 行代码可以看出,数据已经成功插入到 Hive 表中。

4.6　本章小结

本章主要针对 Spark SQL 的相关知识进行讲解,包括 Spark SQL 架构、Spark SQL 数据模型 DataFrame、Dataset、RDD 转换 DataFrame 以及通过 Spark SQL 操作数据源。通过本章的学习,希望读者能够了解 Spark SQL 架构,掌握 DataFrame、Dataset 的创建方法和基本操作以及如何利用 Spark SQL 操作 MySQL 数据库和 Hive 数据仓库。

4.7　课后习题

一、填空题

1. Spark SQL 是 Spark 用来_____的一个模块。

2. Spark 要想很好地支持 SQL,就需要完成_____、优化(Optimizer)、_____三大过程。

3. Spark SQL 作为分布式 SQL 查询引擎,让用户可以通过_____、DataFrames API

和_____3 种方式实现对结构化数据的处理。

4. Catalyst 优化器在执行计划生成和优化工作时离不开它内部的五大组件,分别是
SQLParse、_____、Optimizer、_____和 CostModel。

5. Dataset 是从_____版本中引入的一个新的数据抽象结构,最终在_____版本
被定义成 Spark 新特性。

二、判断题

1. Spark SQL 的前身是 Shark,Shark 最初是瑞士洛桑联邦理工学院(EPFL)的编程方
法实验室研发的 Spark 生态系统的组件之一。   (   )

2. Spark SQL 与 Hive 不兼容。   (   )

3. 在 Spark SQL 中,若想要使用 SQL 风格操作,则需要提前将 DataFrame 注册成一张
临时表。   (   )

4. 在 Spark SQL 中,可以利用反射机制来推断包含特定类型对象的 Schema,从而将已
知数据结构的 RDD 转换成 DataFrame。   (   )

5. Spark SQL 可以通过 JDBC 从关系数据库中读取数据的方式创建 DataFrame,通过
对 DataFrame 进行一系列的操作后,不可以将数据重新写入到关系数据库中。   (   )

三、选择题

1. Spark SQL 可以处理的数据源包括哪些?(   )
   A. Hive 表   B. 数据文件、Hive 表
   C. 数据文件、Hive 表、RDD   D. 数据文件、Hive 表、RDD、外部数据库

2. 下列说法正确的是哪一项?(   )
   A. Spark SQL 的前身是 Hive   B. DataFrame 其实就是 RDD
   C. HiveContext 继承了 SqlContext   D. HiveContext 只支持 SQL 语法解析器

3. Spark SQL 中,mode 函数可以接收的参数有哪些?(   )
   A. Overwrite、Append、Ignore、ErrorIfExists
   B. Overwrite、Ignore
   C. Overwrite、Append、Ignore
   D. Append、Ignore、ErrorIfExists

四、简答题

1. 简述 Spark SQL 的功能。
2. 简述 Spark SQL 的工作流程。

五、编程题

编写 Spark 程序,实现以下操作:
(1) 通过 Spark SQL 读取关系数据库 MySQL 中的数据;
(2) 通过 Spark SQL 往关系数据库 MySQL 中插入数据。

第 5 章
HBase分布式数据库

学习目标

- 理解 HBase 的数据模型。
- 掌握 HBase 的集群部署方法。
- 理解 HBase 的架构。
- 理解 HBase 读写数据的流程。
- 掌握 HBase 与 Hive 的整合方法。

Spark 计算框架是如何在分布式环境下对数据处理后的结果进行随机地、实时地存储呢？HBase 数据库正是为了解决这种问题而产生的。不同于一般的数据库，如 MySQL 数据库和 Oracle 数据库是基于行进行数据的存储，HBase 数据库是基于列进行数据的存储，这样的话，HBase 就可以随着存储数据的不断增加而实时动态地增加列，从而满足 Spark 计算框架可以实时地将处理好的数据存储到 HBase 数据库中的需求。本章将详细讲解 HBase 分布式数据库的相关知识。

5.1 HBase 的基础知识

5.1.1 HBase 的简介

HBase 起源于 2006 年 Google 公司发表的 BigTable 论文。在 2008 年，PowerSet 的 Chad Walters 和 Jim Keller 受到了该论文思想的启发，把 HBase 作为 Hadoop 的子项目来进行开发维护，用于支持结构化的海量数据存储。

HBase 是一个高可靠性、高性能、面向列、可伸缩的分布式数据库，利用 HBase 可在廉价 PC 服务器上搭建起大规模结构化存储集群。HBase 的目标是存储并处理大型的数据，更具体来说是仅需使用普通的硬件配置，就能够处理由成千上万的行和列所组成的大型数据。HBase 分布式数据库具有如下的显著特点。

（1）容量大。

HBase 分布式数据库中的表可以存储成千上万的行和列组成的数据。

（2）面向列。

HBase 是面向列的存储和权限控制，并支持独立检索。列存储，其数据在表中是按照某列存储的，根据数据动态地增加列，并且可以单独对列进行各种操作。

（3）多版本。

HBase 中表的每一个列的数据存储都有多个版本（Version）。一般地，每一列对应着一条数据，但是有的数据会对应多个版本，例如，存储个人信息的 HBase 表中，如果某个人多次更换过家庭住址，那么记录家庭住址的数据就会有多个版本。

（4）稀疏性。

由于 HBase 中表的列允许为空，并且空列不会占用存储空间，因此，表可以设计得非常稀疏。

（5）扩展性。

HBase 的底层依赖于 HDFS。当磁盘空间不足时，可以动态地增加机器（即 DataNode 节点服务）来增加磁盘空间，从而避免像关系数据库那样，进行数据迁移。

（6）高可靠性。

由于 HBase 底层使用是的 HDFS，而 HDFS 本身具有备份机制，所以在 Spark 集群出现严重问题时，Replication（即副本）机制能够保证数据不会发生丢失或损坏。

虽然 HBase 是 Google Bigtable 的开源实现，但是它们之间有很多不同之处，例如，Google BigTable 利用 GFS 作为其文件存储系统，而 HBase 利用 HDFS 作为其文件存储系统；Google 运行 MapReduce 来处理 BigTable 中的海量数据，而 HBase 同样利用 Hadoop 的 MapReduce 来处理 HBase 中的海量数据；Google BigTable 利用 Chubby 作为协同服务，而 HBase 利用 Zookeeper 作为协调服务。

HBase 作为一种分布式数据库，它与传统数据库相比有很大区别，下面从存储模式、表字段以及可延伸性这 3 个方面分别进行介绍。

（1）存储模式。传统数据库中是基于行存储的，而 HBase 是基于列进行存储的。

（2）表字段。传统数据库中的表字段不能超过 30 个，而 HBase 中的表字段不受限制。

（3）可延伸性。传统数据库中的列是固定的，需要先确定列有多少才会增加数据去存储，而 HBase 是根据数据存储的大小去动态地增加列，列是不固定的。

5.1.2 HBase 的数据模型

HBase 分布式数据库的数据存储在行列式的表格中，是一个多维度的映射模型，其数据模型如图 5-1 所示。

在图 5-1 中包含了很多的字段，这些字段分别表示不同的含义，具体介绍如下。

（1）Row Key（行键）。

Row Key 表示行键，每个 HBase 表中只能有一个行键，它在 HBase 中以字典序的方式存储。由于 Row Key 是 HBase 表的唯一标识，因此 Row Key 的设计非常重要。数据的存储规则是相近的数据存储到一起。例如，当 Row Key 格式为 www. apache. org、mail. apache. org 以及 jira. apache. org 这样的网站名称时，可以将网站名称进行反转，反转成 org. apache. www、org. apache. mail 以及 org. apache. jira，然后再进行存储，这样的话，所有 org. apache 域名将会存储在一起，避免子域名（即 www、mail、jira）分散在各处。

（2）Timestamp（时间戳）。

表示时间戳，记录每次操作数据的时间，通常作为数据的版本号。

Row Key	Timestamp	Column Family:c1		Column Family:c2		Column Family:c3	
		Column	Value	Column	Value	Column	Value
r1	t7	c1:col-1	value-1			c3:col-1	value-1
	t6	c1:col-2	value-2			c3:col-2	value-2
	t5	c1:col-3	value-3				
	t4						
r2	t3	c1:col-1	value-1	c2:col-1	value-1	c3:col-1	value-1
	t2	c1:col-2	value-2				
	t1	c1:col-3	value-3				

图 5-1　HBase 的数据模型

（3）Column（列）。

HBase 表的列是由列族名、限定符以及列名组成的，其中"："为限定符。创建 HBase 表不需要指定列，因为列是可变的，非常灵活。

（4）Column Family（列族）。

在 HBase 中，列族由很多列组成。在同一个表里，不同列族有完全不同的属性，但是同一个列族内的所有列都会有相同的属性，因为它们都在一个列族里面，而属性都是定义在列族上的。c1、c2、c3 均为列族名。

5.2　HBase 的集群部署

HBase 中存储在 HDFS 中的数据是通过 Zookeeper 协调处理的。HBase 存在的单点故障问题，可以通过 Zookeeper 部署一个高可用的 HBase 集群解决。下面，以 3 台服务器为例（hadoop01、hadoop02 和 hadoop03），讲解如何安装部署 HBase 集群。HBase 集群的规划方式如图 5-2 所示。

在图 5-2 中，HBase 集群中的 hadoop01 和 hadoop02 是主节点，hadoop02 和 hadoop03 是从节点。这里之所以将 hadoop02 既部署为主节点也部署为从节点，目的是为了避免 HBase 集群主节点宕机导致的单点故障问题。

接下来，分步骤讲解如何部署 HBase 集群，具体步骤如下。

（1）安装 JDK、Hadoop 以及 Zookeeper，这里设置的 JDK 版本是 1.8、Hadoop 版本是 2.7.4 以及 Zookeeper 的版本是 3.4.10。

（2）通过 HBase 官网下载 1.2.1 版本 HBase。

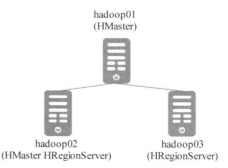

图 5-2　HBase 集群规划

这里选择下载的版本是 1.2.1。

（3）上传并解压 HBase 安装包。将 HBase 安装包上传至 Linux 系统的/export/
software/目录下，然后解压到/export/servers/目录。解压安装包的具体命令如下：

```
$ tar -zxvf hbase-1.2.1-bin.tar.gz -C /export/servers/
```

（4）将/hadoop-2.7.4/etc/hadoop 目录下的 hdfs-site. xml 和 core-site. xml 配置文件
复制一份到/hbase-1.2.1/conf 目录下，复制文件的具体命令如下：

```
$ cp /export/servers/hadoop-2.7.4/etc/hadoop/{hdfs-site.xml,core-site.xm} /export
/servers/hbase-1.2.1/conf
```

（5）进入/hbase-1.2.1/conf 目录修改相关配置文件。打开 hbase-env. sh 配置文件，指
定 jdk 的环境变量并配置 Zookeeper（默认是使用内置的 Zookeeper 服务），修改后的 hbase-
env. sh 文件内容具体如下：

```
# The java implementation to use. Java 1.7+ required.
# 配置 jdk 环境变量
export JAVA_HOME=/export/servers/jdk
# Tell HBase whether it should manage it's own instance of Zookeeper or not.
# 配置 hbase 使用外部 Zookeeper
export HBASE_MANAGES_ZK=false
```

打开 hbase-site. xml 配置文件，指定 HBase 在 HDFS 的存储路径、HBase 的分布式存
储方式以及 Zookeeper 地址，修改后的 hbase-site. xml 文件内容具体如下：

```
<configuration>
    <!--指定 hbase 在 HDFS 上存储的路径 -->
    <property>
        <name>hbase.rootdir</name>
        <value>hdfs://hadoop01:9000/hbase</value>
    </property>
        <!--指定 hbase 是分布式的 -->
    <property>
        <name>hbase.cluster.distributed</name>
        <value>true</value>
    </property>
        <!--指定 zk 的地址,多个用","分隔 -->
    <property>
        <name>hbase.zookeeper.quorum</name>
        <value>hadoop01:2181,hadoop02:2181,hadoop03:2181</value>
    </property>
</configuration>
```

修改 regionservers 配置文件，配置 HBase 的从节点角色（即 hadoop02 和 hadoop03）。
具体内容如下：

```
hadoop02
hadoop03
```

修改 backup-masters 配置文件，为防止单点故障配置备用的主节点角色，具体内容如下：

```
hadoop02
```

修改 profile 配置文件，通过 vi /etc/profile 命令进入系统环境变量配置文件，配置 HBase 的环境变量（服务器 hadoop01、hadoop02 和 hadoop03 都需要配置），具体内容如下：

```
export HBASE_HOME=/export/servers/hbase-1.2.1
export PATH=$PATH:$HBASE_HOME/bin:
```

将 HBase 的安装目录分发至 hadoop02 和 hadoop03 服务器上。具体命令如下：

```
$scp - r /export/servers/hbase-1.2.1/ hadoop02:/export/servers/
$scp - r /export/servers/hbase-1.2.1/ hadoop03:/export/servers/
```

在服务器 hadoop01、hadoop02 和 hadoop03 上分别执行 source /etc/profile 命令，使系统环境配置文件生效。

（6）启动 Zookeeper 和 HDFS，具体命令如下：

```
#启动 zookeeper
$zkServer.sh start
#启动 hdfs
$start-dfs.sh
```

（7）启动 HBase 集群，具体命令如下：

```
$start-hbase.sh
```

这里需要注意的是，在启动 HBase 集群之前，必须要保证集群中各个节点的时间是同步的，若不同步会抛出 ClockOutOfSyncException 异常，导致从节点无法启动。因此需要在集群各个节点中执行如下命令来保证时间同步。

```
$ntpdate -u cn.pool.ntp.org
```

（8）通过 jps 命令检查 HBase 集群服务部署是否成功，如图 5-3 所示。

从图 5-3 可以看出，服务器 hadoop01 上出现了 HMaster 进程，服务器 hadoop02 上出现了 HMaster 和 HRegionServer 进程，服务器 hadoop03 上出现了 HRegionServer 进程，证明 HBase 集群安装部署成功。若需要停止 HBase 集群，则执行 stop-hbase.sh 命令。

下面，通过浏览器访问 https://hadoop01:16010，查看 HBase 集群状态，如图 5-4 所示。

从图 5-4 可以看出，服务器 hadoop01 是 HBase 的主节点，服务器 hadoop02 和

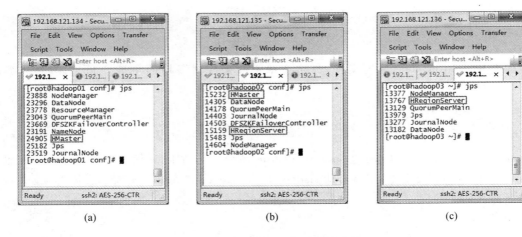

(a)   (b)   (c)

图 5-3   查看 HBase 集群中的进程

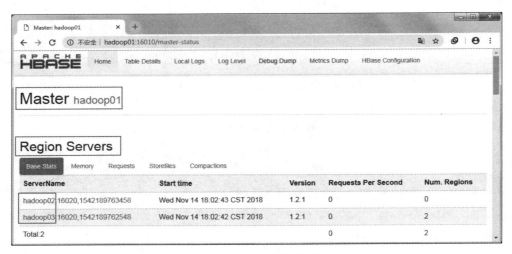

图 5-4   HBase 集群状态

hadoop03 是从节点。下面，通过访问 https://hadoop02:16010 来查看集群备用主节点的状态，如图 5-5 所示。

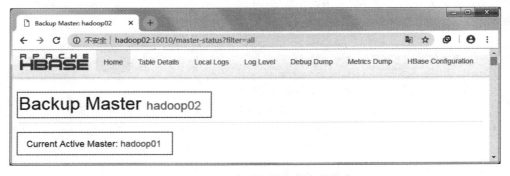

图 5-5   HBase 集群备用主节点的状态

从图 5-5 可以看出,服务器 hadoop02 是 HBase 集群的备用主节点,并且可以从 Active Master 看出主节点在正常工作。

5.3　HBase 的基本操作

操作 HBase 常用的方式有两种,一种是 Shell 命令行,另一种是 Java API。接下来,本节将针对这两种方式进行详细讲解。

5.3.1　HBase 的 Shell 操作

HBase Shell 提供了大量操作 HBase 的命令,通过 Shell 命令可以很方便地操作 HBase 数据库,如创建、删除及修改表、向表中添加数据、列出表中的相关信息等操作。不过当使用 Shell 命令行操作 HBase 时,首先需要进入 HBase Shell 交互界面。执行 bin/hbase shell 命令进入到目录/hbase-1.2.1 的界面,具体效果如图 5-6 所示。

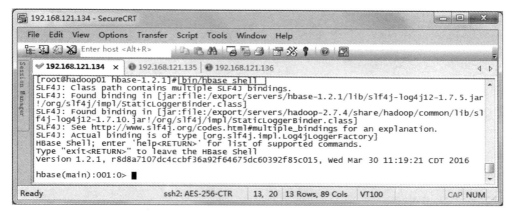

图 5-6　进入 HBase Shell 的交互界面

进入 HBase Shell 交互界面后,可以通过一系列 Shell 命令操作 HBase,接下来,通过表 5-1 列举一些操作 HBase 表常见的 Shell 命令。

表 5-1　常见的 Shell 命令

命令名称	相 关 说 明	命令名称	相 关 说 明
create	创建表	count	统计表中数据的行数
put	插入或更新数据	delete	删除表中指定列族的行,只能删除单个列族的行
scan	扫描表并返回表的所有数据	deleteall	删除指定行,可以删除多个列族的行
describe	查看表的结构	truncate	删除整个表中的数据,但是结构还在
get	获取指定行或列的数据	drop	删除整个表,数据和结构都删除(慎用)

关于 HBase 中常见的 Shell 操作的讲解具体如下。

1. 创建表

通过 create 创建表，具体语法如下：

```
create 'table name','column family'
```

在上述语法中，table name 为表名，创建表必须指定；column family 为列族名，创建表也必须指定。

例如，创建一个名称为 student、列族名为 info 的 HBase 表，命令如下：

```
hbase(main):001:0>create 'student','info'
0 row(s) in 2.3870 seconds
=>Hbase::Table ~ student
```

执行 list 命令，查看数据库中的数据表，命令如下：

```
hbase(main):002:0>list
TABLE
Student
1 row(s) in 0.0200 seconds
=>["student"]
```

在上述代码中，出现了 student 数据表，说明创建表成功。

2. 插入操作

通过使用 put 插入或者更新表中的数据，具体语法如下：

```
put 'table name','row1','column family: column name', 'value'
```

在上述语法中，row1 为行键（即 Row Key）；column family：column name 为列族名和列名；value 为插入列的值。

例如，向 student 表中插入 5 条数据，命令如下：

```
hbase(main):003:0>put 'student','1001','info:sex','male'
0 row(s) in 0.1350 seconds
hbase(main):004:0>put 'student','1001','info:age','18'
0 row(s) in 0.0390 seconds
hbase(main):005:0>put 'student','1002','info:name','Janna'
0 row(s) in 0.0360 seconds
hbase(main):006:0>put 'student','1002','info:sex','female'
0 row(s) in 0.0190 seconds
hbase(main):007:0>put 'student','1002','info:age','20'
0 row(s) in 0.0120 seconds
```

3. 扫描操作

通过 scan 扫描表中的数据，具体语法如下：

```
scan 'table name'
```

例如，扫描 student 表所有的数据，命令如下：

```
hbase(main):008:0>scan 'student'
ROW                COLUMN+CELL
1001               column=info:age, timestamp=1545728730891, value=18
1001               column=info:sex, timestamp=1545728722162, value=male
1002               column=info:age, timestamp=1545728751824, value=20
1002               column=info:name, timestamp=1545728738069, value=Janna
1002               column=info:sex, timestamp=1545728745582, value=female
```

4．查看操作

通过 describe 查看表结构，具体语法如下：

```
describe 'table name'
```

查看 student 表的表结构，命令如下：

```
hbase(main):009:0>describe 'student'
Table student is ENABLED
student
COLUMN FAMILIES DESCRIPTION
{NAME =>'info', BLOOMFILTER =>'ROW', VERSIONS =>'1', IN_MEMORY =>'false',
KEEP_DELETED_CELLS=>'FALSE',DATA_BLOCK_ENCODING=>'NONE',TTL >'FOREVER',
COMPRESSION=>'NONE',MIN_VERSIONS=>'0',BLOCKCACHE=>'true',BLOCKSIZE=>'65536',
REPLICATION_SCOPE =>'0'}
1 row(s) in 0.0430 seconds
```

上述代码中，通过 describe 输出了 student 表的结构，表结构包含很多字段，具体介绍如下：

（1）NAME：表示列族名。

（2）BLOOMFILTER：表示为列族级别的类型（读者只作了解即可）。

（3）VERIONS：表示版本数。

（4）IN_MEMORY：设置是否存入内存。

（5）KEEP_DELETED_CELLS：设置被删除的数据，在基于时间的历史数据查询中是否依然可见。

（6）DATA_BLOCK_ENCODING：表示数据块的算法（读者只作了解即可）。

（7）TTL：表示版本存活的时间。

（8）COMPRESSION：表示设置压缩算法。

（9）MIN_VERSIONS：表示最小版本数。

（10）BLOCKCACHE：表示是否设置读缓存。

（11）REPLICATION：表示设置备份。

5. 更新操作

通过使用 put 更新 student 表指定字段的数据，具体语法如下：

```
put 'table name', 'row ','column family:column name','new value'
```

在 student 表中，将行键为 1001、列名 info：age 且值为 18 这一条数据中的值更新成 100，命令如下：

```
hbase(main):010:0>put 'student','1001','info:age','100'
0 row(s) in 0.0420 seconds
```

上述命令执行成功后，使用 scan 扫描数据表中的数据，扫描结果如下：

```
hbase(main):011:0>scan 'student'
ROW                COLUMN+CELL
1001               column=info:age, timestamp=1545732938717, value=100
1001               column=info:sex, timestamp=1545728722162, value=male
1002               column=info:age, timestamp=1545728751824, value=20
1002               column=info:name, timestamp=1545728738069, value=Janna
1002               column=info:sex, timestamp=1545728745582, value=female
2 row(s) in 0.0510 seconds
```

上述代码中，行键为 1001、列名为 info：age 且值为 18 的这条数据中的值已经更新成 100。

6. 获取指定字段的操作

通过使用 get 获取指定行或指定列族、列的数据，具体语法如下：

```
//查看指定行的数据
get 'table name','row1'
```

获取 student 表中行键为 1001 的数据，命令如下：

```
hbase(main):012:0>get 'student','1001'
COLUMN             CELL
info:age           timestamp=1545732938717, value=100
info:sex           timestamp=1545728722162, value=male
2 row(s) in 0.0410 seconds
```

7. 统计操作

通过使用 count 统计表中数据的行数，具体语法如下：

```
count 'table name'
```

统计 student 表中数据的行数,命令如下:

```
hbase(main):013:0>count 'student'
2 row(s) in 0.0310 seconds
=>2
```

8. 删除操作

通过使用 delete 删除表中"指定字段"的数据,具体语法如下:

```
delete 'table name', 'row', 'column name', 'timestamp'
```

删除 student 表中行键为 1002、列名为 info:sex 的一条数据,命令如下:

```
hbase(main):014:0>delete 'student','1002','info:sex'
0 row(s) in 0.0370 seconds
```

上述命令执行成功后,使用 scan 扫描数据表中的数据,扫描结果如下:

```
hbase(main):015:0>scan 'student'
ROW              COLUMN+CELL
1001             column=info:age, timestamp=1545732938717, value=100
1001             column=info:sex, timestamp=1545728722162, value=male
1002             column=info:age, timestamp=1545728751824, value=20
1002             column=info:name, timestamp=1545728738069, value=Janna
```

从上述代码可以看出,行键为 1002、列名为 info:sex 的数据已经被删除。
如果要删除表中一行所有的数据,可以使用 deleteall 命令,具体语法如下:

```
deleteall 'table name', 'row'
```

例如,删除 student 表中行键为 1001 的所有数据,命令如下:

```
hbase(main):016:0>deleteall 'student','1001'
0 row(s) in 0.0690 seconds
```

上述命令执行成功后,使用 scan 扫描数据表中的数据,扫描结果如下:

```
hbase(main):017:0>scan 'student'
ROW              COLUMN+CELL
1002             column=info:age, timestamp=1545728751824, value=20
1002             column=info:name, timestamp=1545728738069, value=Janna
1 row(s) in 0.0220 seconds
```

从上述代码可以看出,行键为 1001 的所有数据已经被删除了。
通过使用 truncate 清空表中的所有数据,具体语法如下:

```
truncate 'table name'
```

清空 student 表中的所有数据,命令如下:

```
hbase(main):0018:0> truncate 'student'
Truncating 'student' table (it may take a while):
- Disabling table...
- Truncating table...
0 row(s) in 3.9730 seconds
```

使用 scan 扫描数据表中的数据,扫描结果如下:

```
hbase(main):019:0> scan 'student'
ROW                 COLUMN+CELL
0 row(s) in 0.3950 seconds
```

从上述代码可以看出,表 student 中的所有数据都已经被清空。

通过使用 drop 删除表,具体语法如下:

```
drop 'table name'
```

例如,删除表 student,命令如下:

```
hbase(main):020:0> disable 'student'
0 row(s) in 2.4410 seconds
hbase(main):021:0> drop 'student'
0 row(s) in 1.3540 seconds
```

上述代码中,首先使用 disable 让 student 表变为禁用状态,然后进行删除操作。若表不是禁用状态,则无法删除。

使用 list 获取 HBase 数据库中的所有数据表,命令如下:

```
hbase(main):022:0> list
TABLE
0 row(s) in 0.0180 seconds
=>[]
```

上述代码中,"[ ]"表示数据库已经为空,说明 student 表已经被删除。

5.3.2　HBase 的 Java API 操作

HBase 是由 Java 语言开发的,它对外提供了 Java API 的接口。接下来,通过表 5-2 来列举 HBase 常见的 Java API。

接下来,通过 Java API 来操作 HBase 分布式数据库,包括增、删、改以及查等对数据表的操作,具体操作步骤如下。

表 5-2　常见的 Java API

类或接口名称	相 关 说 明
Admin	是一个类,用于建立客户端和 HBase 数据库的连接,属于 org. apache. hadoop. hbase. client 包
HBaseConfiguration	是一个类,用于将 HBase 配置添加到配置文件中,属于 org. apache. hadoop. hbase 包
HTableDescriptor	是一个接口,用于描述表的信息,属于 org. apache. hadoop. hbase 包
HColumnDescriptor	是一个类,用于描述列族的信息,属于 org. apache. hadoop. hbase 包
Table	是一个接口,用于实现 HBase 表的通信,属于 org. apache. hadoop. hbase. client 包
Put	是一个类,用于插入数据操作,属于 org. apache. hadoop. hbase. client 包
Get	是一个类,用于查询单条记录,属于 org. apache. hadoop. hbase. client 包
Delete	是一个类,用于删除数据,属于 org. apache. hadoop. hbase. client 包
Scan	是一个类,用于查询所有记录,属于 org. apache. hadoop. hbase. client 包
Result	是一个类,用于查询返回的单条记录结果,属于 org. apache. hadoop. hbase. client 包

1. 创建工程并导入依赖

创建一个名称为 spark_chapter05 的 Maven 项目,然后在项目 spark_chapter05 中配置 pom. xml 文件,也就是引入 HBase 相关的依赖和单元测试的依赖,pom. xml 文件添加的内容具体如下所示:

```
<!--单元测试依赖-->
<dependency>
    <groupId>junit</groupId>
    <artifactId>junit</artifactId>
    <version>4.12</version>
</dependency>
<!--hbase 客户端依赖-->
<dependency>
    <groupId>org.apache.hbase</groupId>
    <artifactId>hbase-client</artifactId>
    <version>1.2.1</version>
</dependency>
<!--hbase 核心依赖-->
<dependency>
    <groupId>org.apache.hbase</groupId>
    <artifactId>hbase-common</artifactId>
    <version>1.2.1</version>
</dependency>
```

添加完相关依赖后,HBase 相关 Jar 包就会自动下载,成功引入依赖如图 5-7 所示。

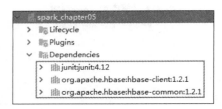

图 5-7　成功引入的 Jar 包

2. 创建 Java 类,连接集群

在项目 spark_chapter05 目录/src/main/java 下创建一个名为 com. itcast. hbase 的包,并在该包下创建 HBaseTest. java 文件,该文件用于编写 Java 测试类,构建 Configuration 和 Connection 对象。初始化客户端对象的具体操作步骤,如文件 5-1 所示。

文件 5-1　HBaseTest. java

```
1    import org.apache.hadoop.conf.Configuration;
2    import org.apache.hadoop.hbase. * ;
3    import org.apache.hadoop.hbase.client. * ;
4    import org.apache.hadoop.hbase.util.Bytes;
5    import org.junit. * ;
6    import java.util. * ;
7    //todo:HBase API 操作
8    public class HBaseTest {
9        //初始化 Configuration 对象
10       private Configuration conf =null;
11       //初始化连接
12       private Connection conn =null;
13       @Before
14       public void init() throws Exception{
15           //获取 Configuration 对象
16           conf =HBaseConfiguration.create();
17           //对 hbase 客户端来说,只需知道 hbase 所经过的 Zookeeper 集群地址即可
18           //因为 hbase 的客户端找 hbase 读写数据完全不用经过 HMaster
19           conf.set("hbase.zookeeper.quorum",
20                   "hadoop01:2181,hadoop02:2181,hadoop03:2181");
21           //获取连接
22           conn =ConnectionFactory.createConnection(conf);
23       }
24   }
```

在上述代码中,第 10～12 行代码是初始化 Configuration 配置对象和 Connection 连接对象;第 13 行代码注解是用于 Junit 单元测试中控制程序最先执行的注解,在这里可以保证初始化 init()方法在程序中是最先执行的;第 16～22 行代码是初始化客户端对象的初始化方法,主要是获取 Configuration 配置对象和 Connection 连接对象以及指定 Zookeeper 集群的地址。

3．创建数据表

在 HBaseTest.Java 文件中，定义一个方法 createTable()，主要用于演示创建数据表的操作。具体代码如下：

```
1    @Test
2    public void createTable() throws Exception{
3         //获取表管理器对象
4         Admin admin =conn.getAdmin();
5         //创建表的描述对象,并指定表名
6         HTableDescriptor tableDescriptor =new HTableDescriptor(TableName
7                            .valueOf("t_user_info".getBytes()));
8         //构造第一个列族描述对象,并指定列族名
9         HColumnDescriptor hcd1 =new HColumnDescriptor("base_info");
10        //构造第二个列族描述对象,并指定列族名
11        HColumnDescriptor hcd2 =new HColumnDescriptor("extra_info");
12        //为该列族设定一个版本数量,最小为1,最大为3
13        hcd2.setVersions(1,3);
14        //将列族描述对象添加到表描述对象中
15        tableDescriptor.addFamily(hcd1).addFamily(hcd2);
16        //利用表管理器来创建表
17        admin.createTable(tableDescriptor);
18        //关闭
19        admin.close();
20        conn.close();
21   }
```

在上述代码中，第 4～11 行代码作用分别为获取 HBase 表管理器对象 admin、创建表的描述对象 tableDescriptor 并指定表名为 t_user_info、创建两个列族描述对象 hcd1、hcd2 并指定列族名分别为 base_info 和 extra_info；第 13 行代码为列族 hcd2 指定版本数量；第 15 行代码将列族描述对象添加到表描述对象中；第 17 行代码使用表管理器来创建表；第 19～20 行代码关闭表管理器和连接对象，避免资源浪费。

运行 createTable()方法进行测试，然后进入 HBase Shell 交互式界面，执行 list 命令查看数据库，具体代码如下：

```
hbase(main):022:0>list
TABLE
t_user_info
1  row(s) in 0.0200 seconds
=>["t_user_info"]
```

在上述代码中，数据库中有一个名称为 t_user_info 的数据表，说明数据表创建成功。

4．插入数据

在 HBaseTest.Java 文件中，定义一个 testPut()方法，主要用于演示在 t_user_info 表中插入数据的操作。具体代码如下：

```
1    @Test
2    public void testPut() throws Exception {
3        //创建 table 对象,通过 table 对象来添加数据
4        Table table =conn.getTable(TableName.valueOf("t_user_info"));
5        //创建一个集合,用于存放 Put 对象
6        ArrayList<Put>puts =new ArrayList<Put>();
7        //构建 put 对象(KV 形式),并指定其行键
8        Put put01 =new Put(Bytes.toBytes("user001"));
9        put01.addColumn(Bytes.toBytes("base_info"),Bytes.toBytes("username"),
10                                       Bytes.toBytes("zhangsan"));
11       put01.addColumn(Bytes.toBytes("base_info"),Bytes.toBytes("password"),
12                                       Bytes.toBytes("123456"));
13       Put put02 =new Put("user002".getBytes());
14       put02.addColumn(Bytes.toBytes("base_info"),Bytes.toBytes("username"),
15                                       Bytes.toBytes("lisi"));
16       put02.addColumn(Bytes.toBytes("extra_info"),Bytes.toBytes("married"),
17                                       Bytes.toBytes("false"));
18       //把所有的 put 对象添加到一个集合中
19       puts.add(put01);
20       puts.add(put02);
21       //提交所有的插入数据的记录
22       table.put(puts);
23       //关闭
24       table.close();
25       conn.close();
26   }
```

上述代码中,第 4 行代码创建一个表对象 table,用于插入数据;第 6 行代码创建一个集合 puts,用于存放 Put 对象;第 8～17 行代码创建了 Put 对象,用于构建表中的行和列,这里创建了两个 Put 对象,并指定其行键;第 19～22 行代码将前面创建的两个对象添加到 puts 集合中,并通过表对象 table 提交插入数据的记录;第 24～25 行代码关闭表对象和连接对象,避免资源浪费。

运行 testPut()方法进行测试,然后在 HBase Shell 交互式界面执行 scan 命令,查看数据表 t_user_info 中的数据,具体代码如下:

```
hbase(main):023:0>scan 't_user_info'
ROW              COLUMN+CELL
user001          column=base_info:password,timestamp=1545759238044,value=123456
user001          column=base_info:username, timestamp=1545759238044, value=zhangsan
user002          column=base_info:username, timestamp=1545759238044, value=lisi
user002          column=extra_info:married, timestamp=1545759238044, value=false
2  row(s) in 0.0370 seconds
```

5. 查看指定字段的数据

在 HBaseTest.Java 文件中,定义一个 testGet()方法用于演示查看行键为 user001 的数据。具体代码如下:

```
1   @Test
2   public void testGet() throws Exception {
3       //获取一个 table 对象
4       Table table =conn.getTable(TableName.valueOf("t_user_info"));
5       // 创建 get 查询参数对象,指定要获取的是哪一行
6       Get get =new Get("user001".getBytes());
7       //返回查询结果的数据
8       Result result =table.get(get);
9       //获取结果中的所有 cell
10      List<Cell>cells =result.listCells();
11      //遍历所有的 cell
12      for(Cell cell:cells){
13      //获取行键
14      System.out.println("行:"+Bytes.toString(CellUtil.cloneRow(cell)));
15      //得到列族
16      System.out.println("列族:"+Bytes.toString(CellUtil.cloneFamily(cell)));
17      System.out.println("列:"+Bytes.toString(CellUtil.cloneQualifier(cell)));
18      System.out.println("值:"+Bytes.toString(CellUtil.cloneValue(cell)));
19      }
20      //关闭
21      table.close();
22      conn.close();
23  }
```

上述代码中,第 4 行代码创建一个表对象 table,并指定要查看的数据表 t_user_info;第 6 行代码创建一个对象 get,并指定要查看数据表行键为 user001 的所有数据;第 8～10 行代码通过表对象 table 调用 get()方法把行键为 user001 的所有数据放到集合 cells 中;第 12～18 行代码遍历打印集合 cells 中的所有数据;第 21～22 行代码关闭表对象和连接对象,避免资源浪费。

运行 testGet()方法进行测试,可以从 IDEA 控制台查看输出的内容,如图 5-8 所示。

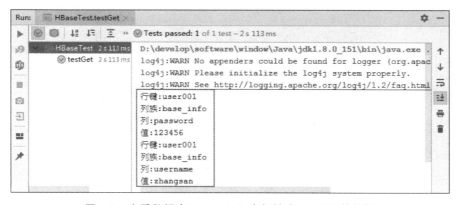

图 5-8　查看数据表 t_user_info 中行键为 user001 的数据

从图 5-8 可以看出,行键为 user001 的数据一共有两条,一条是行键为 user001、列族为 base_info、列为 password、值为 123456 的数据;另一条是行键为 user001、列族为 baseinfo、列为 username、值为 zhangsan 的数据。

6. 扫描数据

在 HBaseTest.Java 文件中，定义一个 testScan()方法用于演示扫描 t_user_info 表中所有数据的操作。具体代码如下：

```
1   @Test
2   public void testScan() throws Exception {
3       //获取 table 对象
4       Table table = conn.getTable(TableName.valueOf("t_user_info"));
5       //创建 scan 对象
6       Scan scan = new Scan();
7       //获取查询的数据
8       ResultScanner scanner = table.getScanner(scan);
9       //获取 ResultScanner 所有数据,返回迭代器
10      Iterator<Result> iter = scanner.iterator();
11      //遍历迭代器
12      while (iter.hasNext()) {
13          //获取当前每一行结果数据
14          Result result = iter.next();
15          //获取当前每一行中所有的 cell 对象
16          List<Cell> cells = result.listCells();
17          //迭代所有的 cell
18          for(Cell c:cells) {
19              //获取行键
20              byte[] rowArray = c.getRowArray();
21              //获取列族
22              byte[] familyArray = c.getFamilyArray();
23              //获取列族下的列名称
24              byte[] qualifierArray = c.getQualifierArray();
25              //列字段的值
26              byte[] valueArray = c.getValueArray();
27              //打印 rowArray,familyArray,qualifierArray,valueArray
28              System.out.println("行键:"+new String(rowArray,c.getRowOffset(),
29                                              c.getRowLength()));
30              System.out.print("列族:"+new String(familyArray,c.getFamilyOffset(),
31                                              c.getFamilyLength()));
32              System.out.print(":"+"列:" +new String(qualifierArray,
33                      c.getQualifierOffset(),c.getQualifierLength()));
34              System.out.println(" " +"值:"+new String(valueArray,
35                      c.getValueOffset(), c.getValueLength()));
36          }
37          System.out.println("------------------------");
38      }
39      //关闭
40      table.close();
41      conn.close();
42  }
```

上述代码中，第 4 行代码创建一个表对象 table，并指定要查看的数据表 t_user_info；

第 6 行代码创建一个全表扫描对象 scan；第 8～10 行代码通过表对象 table 调用 getScanner()
方法扫描表中的所有数据，并将扫描到的所有数据存放入迭代器中；第 12～35 行代码遍历
输出迭代器中的数据；第 40～41 代码关闭表对象和连接对象，避免资源浪费。

运行 testScan() 方法进行测试，可以从 IDEA 控制台查看输出内容，如图 5-9 所示。

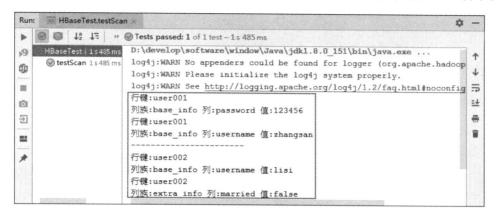

图 5-9　扫描 t_user_info 表中的数据

在图 5-9 中，控制台把 t_user_info 表中所有的数据都遍历输出。

7. 删除指定列的数据

在 HBaseTest.Java 文件中，定义一个 testDel() 方法用于演示删除 t_user_info 表中行
键为 user001 的数据的操作。具体代码如下：

```
1    @Test
2    public void testDel() throws Exception {
3        //获取 table 对象
4        Table table = conn.getTable(TableName.valueOf("t_user_info"));
5        //获取 delete 对象，需要一个 rowkey
6        Delete delete = new Delete("user001".getBytes());
7        //在 delete 对象中指定要删除的列族-列名称
8        delete.addColumn("base_info".getBytes(), "password".getBytes());
9        //执行删除操作
10       table.delete(delete);
11       //关闭
12       table.close();
13       conn.close();
14   }
```

上述代码中，第 4 行代码创建一个表对象 table，并指定要查看的数据表 t_user_info；第
6～8 行代码创建一个删除对象 delete，并指定要删除行键为 user001、列族为 base_info、列
名为 password 的这一条数据；第 10 行代码通过表对象 table 调用 delete() 方法执行删除操
作；第 12～13 代码关闭表对象和连接对象，避免资源浪费。

运行 testDel() 方法进行测试，然后在 HBase Shell 交互式界面执行 scan 命令，查看数
据表 t_user_info 中的数据，具体代码如下：

```
hbase(main):024:0>scan 't_user_info'
ROW           COLUMN+CELL
user001       column=base_info:username,timestamp=1548486421815,value=zhangsan
user002       column=base_info:username, timestamp=1548486421815, value=lisi
user002       column=extra_info:married,timestamp=1548486421815,value=false
2  row(s) in 0.0350 seconds
```

在上述代码中,发现行键为 user001、列族为 base_info 且列名为 password 的一列数据没有显示出来,说明这一列数据已经被删除。

8. 删除表

在 HBaseTest.Java 文件中,定义一个 testDrop()方法用于演示删除 t_user_info 表的操作。具体代码如下:

```
1    @Test
2    public void testDrop() throws Exception {
3        //获取一个表的管理器
4        Admin admin =conn.getAdmin();
5        //删除表时先需要 disable,将表置为不可用,然后再 delete
6        admin.disableTable(TableName.valueOf("t_user_info"));
7        admin.deleteTable(TableName.valueOf("t_user_info"));
8        //关闭
9        admin.close();
10       conn.close();
11   }
```

在上述代码中,第 4 行代码创建一个表对象 admin;第 6 行代码通过表对象 admin 调用 disableTable()方法将表 t_user_info 设置为不可用状态;第 7 行代码通过表对象 admin 调用 deleteTable()方法执行删除表操作;第 12～13 代码关闭表对象和连接对象,避免资源浪费。

运行 testDel()方法进行测试,然后进入 HBase Shell 的交互式界面,执行 list 命令查看 HBase 分布式数据库中的表,具体代码如下:

```
hbase(main):024:0>list
TABLE
0  row(s) in 0.1430 seconds
=>[]
```

在上述代码中,输出的结果为[ ],表示数据库为空,说明 t_user_info 表已经被成功删除。

5.4   深入学习 HBase 原理

俗话说,知其然知其所以然,深入学习 HBase 底层的原理,可以让读者更好地理解 HBase 分布式数据库。接下来,本节详细讲解 HBase 原理。

5.4.1　HBase 架构

HBase 构建在 HDFS 之上，HDFS 为 HBase 提供了高可靠的底层存储支持，Hadoop MapReduce 为 HBase 提供了高性能的计算能力，Zookeeper 为 HBase 提供了稳定的服务和容错机制。下面，通过图 5-10 介绍 HBase 的整体架构。

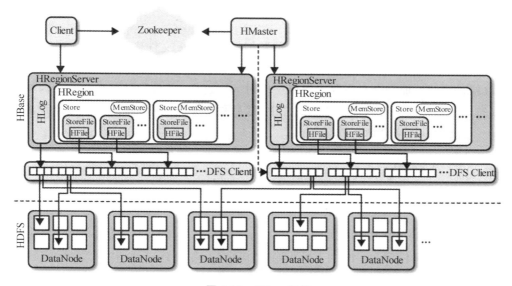

图 5-10　HBase 架构

在图 5-10 中，HBase 含有多个组件。下面，针对 HBase 架构中的核心组件进行详细介绍，具体如下。

（1）Client。即客户端，它通过 RPC 协议与 HBase 进行通信。

（2）Zookeeper。即分布式协调服务，在 HBase 集群中的主要作用是监控 HRegionServer 的状态，将 HRegionServer 的上下线信息实时通知给 HMaster，确保集群中只有一个 HMaster 在工作。

（3）HMaster。即 HBase 的主节点，用于协调多个 HRegionServer，主要用于监控 HRegionServer 的状态以及平衡 HRegionServer 之间的负载。除此之外，HMaster 还负责为 HRegionServer 分配 HRegion。

在 HBase 中，如果有多个 HMaster 节点共存，提供服务的只有一个 Master，其他的 Master 处于待命的状态。如果当前提供服务的 HMaster 节点宕机，那么其他的 HMaster 会接管 HBase 的集群。

（4）HRegionServer。即 HBase 的从节点，它包括了多个 HRegion，主要用于响应用户的 I/O 请求，向 HDFS 读写数据。

（5）HRegion。即 HBase 表的分片，每个 Region 中保存的是 HBase 表中某段连续的数据。

（6）Store。每一个 HRegion 包含一个或多个 Store。每个 Store 用于管理一个 Region

上的一个列族。

（7）MemStore。即内存级缓存，MemStore 存放在 Store 中，用于保存修改的数据（即 Key Values 形式）。当 MemStore 存储的数据达到一个阈值（默认 128MB）时，数据就会被执行 flush 操作，将数据写入到 StoreFile 文件。MemStore 的 flush 操作是由专门的线程负责的。

（8）StoreFile。MemStore 中的数据写到文件后就是 StoreFile，StoreFile 底层是以 HFile 的格式保存在 HDFS 上。

（9）HFile。即 HBase 中键值对类型的数据均以 HFile 文件格式进行存储。

（10）HLog。即预写日志文件，负责记录 HBase 的修改。当 HBase 读写数据时，数据不是直接写进磁盘，而是会在内存中保留一段时间。这样，当数据保存在内存中时，很有可能会丢失。如果将数据写入预写日志文件中，然后再写入到内存中，一旦系统出现故障时，则可以通过这个日志文件恢复数据。

5.4.2 物理存储

HBase 分布式数据库最重要的功能就是存储数据。下面，从 4 个方面详细介绍 HBase 的物理存储。

（1）HBase 表的数据按照行键 Row Key 的字典序进行排列，并且切分多个 HRegion 存储，存储方式如图 5-11 所示。

（2）每个 Region 存储的数据是有限的，如果当 Region 增大到一个阈值（128MB）时，会被等切分成两个新的 Region，切分方式如图 5-12 所示。

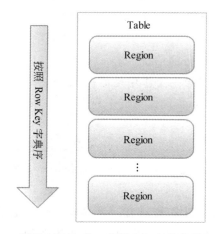

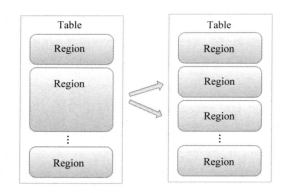

图 5-11 **Region 在行方向上的存储**　　　　图 5-12 **HRegion 的切分**

（3）一个 HRegionServer 上可以存储多个 Region，但是每个 Region 只能被分布到一个 HRegionServer 上，分布方式如图 5-13 所示。

（4）MemStore 中存储的是用户写入的数据，一旦 MemStore 存储达到阈值时，里面存储的数据就会被刷新到新生成的 StoreFile 中（底层是 HFile），该文件是以 HFile 的格式存储到 HDFS 上，具体如图 5-14 所示。

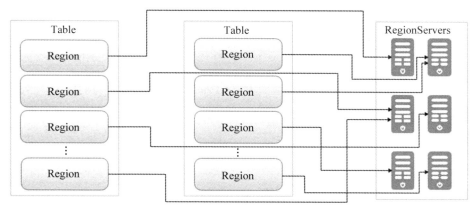

图 5-13　HRegion 的分布

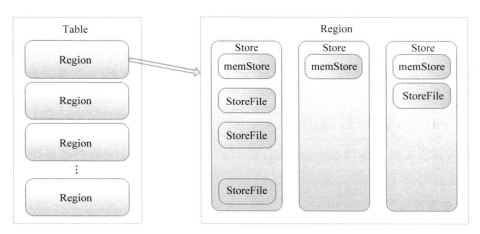

图 5-14　HBase 表的存储

5.4.3　寻址机制

HBase 表查询数据遵循一定的寻址机制,接下来,通过图 5-15 来学习 HBase 的寻址机制。

在图 5-15 中,Zookeeper 中存储的是 ROOT 表的数据,而 ROOT 表中存储的是 META 表的 Region 信息,也就是所有 RegionServer 的地址。接下来,分步骤介绍 HBase 的寻址流程,具体如下。

(1)Client 通过访问 ZooKeeper 来请求行键 rk001 数据所在的 RegionServer 地址;

(2)Zookeeper 从 ROOT 表中查询所有表的 META 信息;

(3)META 表将具体存储行键 rk001 数据的 RegionServer 的地址返回给 Client,相当于 Client 是从 Zookeeper 中 META 表中查询到 RegionServer 的地址的;

(4)Client 获取到 RegionServer 地址后,直接向该 RegionServer 发送查询行键为 rk001 的这条数据的请求,RegionServer 收到请求,就会查询行键 rk001 的 Region;

(5)RegionServer 将行键为 rk001 这条数据的所有信息返回给 Client。

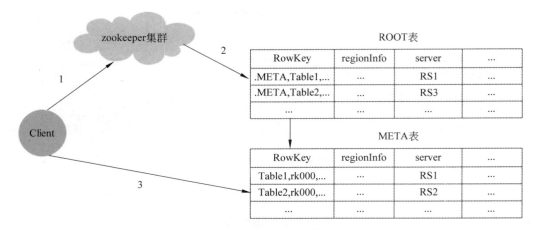

图 5-15   **HBase 的寻址机制**

小提示：

在 HBase 中，有两个比较特殊的表，分别是 ROOT 表和 META 表。其中，ROOT 表只有一个 Region，且不会进行切分；而 META 表中存储着 RegionServer，且 RegionServer 还可以被切分成多个 Region。

5.4.4   HBase 读写数据流程

数据库最常见的操作就是读写数据，接下来，针对 HBase 读写数据的流程进行详细介绍。

1. 读数据流程

从 HBase 中读数据的流程其实就是寻址的流程，具体流程如下：

（1）Client 通过 ZooKeeper、ROOT 表以及 META 表来找到目标数据所在的 RegionServer 地址（即目标数据所在 Region 的服务器地址）；

（2）Client 通过请求 RegionServer 地址来查询目标数据；

（3）RegionServer 定位到目标数据所在的 Region，然后发出查询目标数据的请求；

（4）Region 先在 MemStore 中查找目标数据，若查找到，则返回；若查找不到，则继续在 StoreFile 中查找。

2. 写数据流程

即存储数据，从客户端把目标数据存储到服务器上。具体流程如下：

（1）Client 根据行键 RowKey 找到对应的 Region 所在的 RegionServer；

（2）Client 向 RegionServer 发送写入数据的请求；

（3）RegionServer 找到目标 Region；

（4）Region 检查数据是否与 Schema 一致；

（5）若 Client 没有指定版本，则获取当前系统的时间作为数据版本；

（6）将更新的记录写入预写日志 HLog 和 MemStore 中；

（7）判断 MemStore 是否已满,若满则进行 flush 操作,将数据写入 StoreFile 文件,反之,则直接将数据存入 MemStore。

5.5　HBase 和 Hive 的整合

在实际业务中,由于 HBase 不支持使用 SQL 语法,因此操作和计算 HBase 分布式数据库中的数据是非常不方便的,并且效率也低。由于 Hive 支持标准的 SQL 语句,因此,可以将 HBase 和 Hive 进行整合,通过使用 Hive 数据仓库操作 HBase 分布式数据库中的数据,以此来满足实际业务的需求。

接下来,通过一个整合 Hive 和 HBase 的例子,实现 Hive 表中插入的数据可以从 HBase 表中获取,具体步骤如下。

1. 环境搭建

首先,需要配置环境变量。在服务器 hadoop01 上执行命令 vi/etc/profile,配置 Hive 和 HBase 的环境变量(若已配置,则可忽略),具体内容如下:

```
#配置 HBase 的环境变量
export HBASE_HOME=/export/servers/hbase-1.2.1
export PATH=$PATH:$HBASE_HOME/bin:
#配置 Hive 的环境变量
export HIVE_HOME=/export/servers/apache-hive-1.2.1-bin
export PATH=$PATH:$HIVE_HOME/bin:
```

2. 导入依赖

将目录/hbase-1.2.1/lib 下的相关依赖复制一份到目录/apache-hive-1.2.1-bin/lib 下,具体命令如下:

```
$cp /export/servers/hbase-1.2.1/lib/hbase-common-1.2.1.jar \
  /export/servers/apache-hive-1.2.1-bin/lib
$cp /export/servers/hbase-1.2.1/lib/hbase-server-1.2.1.jar \
  /export/servers/apache-hive-1.2.1-bin/lib
$cp /export/servers/hbase-1.2.1/lib/hbase-client-1.2.1.jar \
  /export/servers/apache-hive-1.2.1-bin/lib
$cp /export/servers/hbase-1.2.1/lib/hbase-protocol-1.2.1.jar \
  /export/servers/apache-hive-1.2.1-bin/lib
$cp /export/servers/hbase-1.2.1/lib/hbase-it-1.2.1 \
  /export/servers/apache-hive-1.2.1-bin/lib
$cp /export/servers/hbase-1.2.1/lib/htrace-core-3.1.0-incubating.jar \
  /export/servers/apache-hive-1.2.1-bin/lib
$cp /export/servers/hbase-1.2.1/lib/hbase-hadoop2-compat-1.2.1.jar \
  /export/servers/apache-hive-1.2.1-bin/lib
$cp /export/servers/hbase-1.2.1/lib/hbase-hadoop-compat-1.2.1.jar \
  /export/servers/apache-hive-1.2.1-bin/lib
```

上述命令导入了很多依赖,具体含义如下:

(1) hbase-common-1.2.1.jar 是 HBase 基本包;

(2) hbase-server-1.2.1.jar 主要用于 HBase 服务端;

(3) hbase-client-1.2.1.jar 主要用于 HBase 客户端;

(4) hbase-protocol-1.2.1.jar 主要用于 HBase 的通信;

(5) hbase-it-1.2.1 主要用于 HBase 整合其他框架做测试;

(6) htrace-core-3.1.0-incubating.jar 主要用于其他框架(如 Hive 或者 Spark)连接 HBase;

(7) hbase-hadoop2-compat-1.2.1.jar 和 hbase-hadoop-compat-1.2.1.jar 使得 HBase 可以兼容 hadoop2.0 和其他的 hadoop 版本。

3. 修改相关配置文件

在/apache-hive-1.2.1-bin/conf 目录下的 hive-site.xml 文件中,添加 Zookeeper 集群的地址并指定 Zookeeper 客户端的端口号,修改后的 hive-site.xml 文件内容如下:

```
<!--指定 Zookeeper 集群的地址---->
<property>
    <name>hive.zookeeper.quorum</name>
    <value>hadoop01,hadoop02,hadoop03</value>
</property>
<!--指定 Zookeeper 客户端的端口号---->
<property>
    <name>hive.zookeeper.client.port</name>
    <value>2181</value>
</property>
```

执行命令 source /etc/profile,使配置的环境变量生效。

4. 启动相关的服务

启动 Zookeeper、Hadoop、MySQL、Hive 以及 HBase 服务,具体命令如下:

```
#启动 Zookeeper
$zkServer.sh start
#启动 Hadoop
$start-all.sh
#启动 MySQL
$service mysqld start
#启动 Hive
$bin/hive
#启动 HBase
$start-hbase.sh
```

5. 新建 Hive 表

在 Hive 数据库创建 hive_hbase_emp_table 表,具体语句如下:

```
CREATE TABLE hive_hbase_emp_table(
empno int,
ename string,
job string,
mgr int,
hiredate string,
sal double,
comm double,
deptno int)
STORED BY 'org.apache.hadoop.hive.hbase.HBaseStorageHandler'
WITH SERDEPROPERTIES ("hbase.columns.mapping" = \
":key,info:ename,info:job,info:mgr,info:hiredate,info:sal,info:comm,info:deptno")
TBLPROPERTIES ("hbase.table.name" = "hbase_emp_table");
```

在上述语句中，org. apache. hadoop. hive. hbase. HBaseStorageHandler 类主要用于将 Hive 与 HBase 相关联，在 Hive 中创建的表会映射到 HBase 数据库中，并将映射到 HBase 数据库中的表命名为 hbase_emp_table。

执行上述语句后，在 Hive 中，执行命令 show tables 查看是否出现表 hive_hbase_emp_table；在 HBase 中，执行命令 list 查看是否出现表 hbase_emp_table，具体命令如下：

```
hive> show tables;
OK
hive_hbase_emp_table
Time taken: 0.023 seconds, Fetched: 1 row(s)
hbase(main):001:0> list
TABLE
hbase_emp_table
1 row(s) in 0.2530 seconds
=>["hbase_emp_table"]
```

从上述返回结果可以看到，Hive 中包含 hive_hbase_emp_table 表，HBase 中包含 hbase_emp_table 表，说明 Hive 与 HBase 整合成功后，可以在 Hive 中创建与 HBase 相关联的表。

6. 创建 Hive 临时中间表

由于不能将数据直接插入与 HBase 关联的 Hive 表 hive_hbase_emp_table 中，所以需要创建中间表 emp，命令如下：

```
CREATE TABLE emp(
empno int,
ename string,
job string,
mgr int,
hiredate string,
sal double,
comm double,
```

```
deptno int)
row format delimited fields terminated by '\t';
```

上述命令执行成功后,在 Hive 中执行语句 show tables 查看 Hive 中的数据表,具体语句如下:

```
hive>show tables;
OK
emp
hive_hbase_emp_table
Time taken: 0.079 seconds, Fetched: 2 row(s)
```

从上述代码可以看出,Hive 的临时中间表 emp 已经创建完成。

接下来就往临时中间表插入数据。插入数据之前需在 Linux 本地系统上创建文件 emp.txt(这里存放在目录/export/data 下),且每个字段对应的数据都是用 Tab 制表符分隔,若对应的字段没有数据,则用空格表示,具体内容如文件 5-2 所示。

文件 5-2　emp.txt

```
7369    SMITH      CLERK        7902       1980-12-17  800.00            20
7499    ALLEN      SALESMAN     7698        1981-2-20     1600.00  300.00    30
7521    WARD       SALESMAN     7698        1981-2-22     1250.00  500.00    30
7566    JONES      MANAGER      7839       1981-4-2     2975.00            20
7654    MARTIN     SALESMAN     7698        1981-9-28   1250.00  1400.00  30
7698    BLAKE      MANAGER      7839       1981-5-1     2850.00            30
7782    CLARK      MANAGER      7839       1981-6-9     2450.00            10
7788    SCOTT      ANALYST      7566       1987-4-19    3000.00            20
7839    KING       PRESIDENT               1981-11-17   5000.00            10
7844    TURNER     SALESMAN     7698        1981-9-8      1500.00  0.00      30
7876    ADAMS      CLERK        7788       1987-5-23    1100.00            20
7900    JAMES      CLERK        7698       1981-12-3    950.00            30
7902    FORD       ANALYST      7566       1981-12-3    3000.00            20
7934    MILLER     CLERK        7782       1982-1-23    1300.00            10
```

7. 插入数据

向临时中间表 emp 插入数据,具体语句如下:

```
hive>load data local inpath '/export/data/emp.txt' into table emp;
```

通过 insert 命令将临时中间表 emp 中的数据导入到 hive_hbase_emp_table 表中,具体语句如下:

```
hive>insert into table hive_hbase_emp_table select * from emp;
```

8. 测试

通过查看 hive_hbase_emp_table 表和 hbase_emp_table 表的数据是否一致,来判断

HBase 和 Hive 是否整合成功,具体语句如下:

```
hive>select * from hive_hbase_emp_table;
hbase>scan 'hbase_emp_table'
```

执行上述语句,能够查询出 hive_hbase_emp_table 表和 hbase_emp_table 表中的所有数据。这里展示一部分结果数据,具体代码如下:

```
hive>select * from hive_hbase_emp_table;
OK
7369  SMITH  CLERK  7902  1980-12-17      800.0  NULL    20
7499  ALLEN  SALESMAN     7698  1981-2-20      1600.0  300.0  30
hbase(main):028:0>scan 'hbase_emp_table'
ROW         COLUMN+CELL
7369        column=info:deptno, timestamp=1545798078117, value=20
7369        column=info:ename, timestamp=1545798078117, value=SMITH
7369        column=info:hiredate,timestamp=1545798078117,value=1980-12-17
7369        column=info:job, timestamp=1545798078117, value=CLERK
7369        column=info:mgr, timestamp=1545798078117, value=7902
7369        column=info:sal, timestamp=1545798078117, value=800.0
7499        column=info:comm, timestamp=1545798078117, value=300.0
7499        column=info:deptno, timestamp=1545798078117, value=30
7499        column=info:ename, timestamp=1545798078117, value=ALLEN
7499        column=info:hiredate,timestamp=1545798078117,value=1981-2-20
7499        column=info:job, timestamp=1545798078117, value=SALESMAN
7499        column=info:mgr, timestamp=1545798078117, value=7698
7499        column=info:sal, timestamp=1545798078117, value=1600.0
```

从上述代码中可以看出,表 hive_hbase_emp_table 的 empno 为 7369 和 7499 的数据与表 hbase_emp_table 的数据是一一对应的,说明 Hive 与 HBase 整合成功。

注意:在 5.5 节中,读者创建表 hive_hbase_emp_table 时,有可能会报错,如图 5-16 所示。

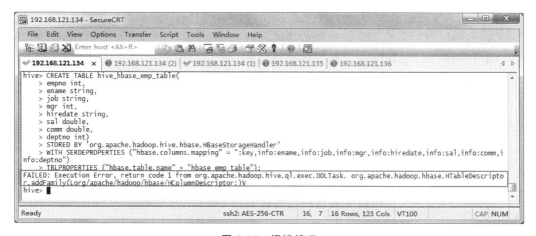

图 5-16　报错情况

图 5-16 所示的错误是由 Hive 版本和 HBase 版本不兼容造成的(注:Hive 1.x 将与

HBase 0.98.x 及更低版本保持兼容,而 Hive 2.x 将与 HBase 1.x 及更高版本兼容),所以如果 Hive 1.x 版本和 HBase1.x 及更高版本整合时,需要重新编译目录/apache-hive-1.2.1-bin/lib 下的 hive-hbase-handler-1.2.1.jar 依赖,具体编译方法读者可以自行查询相关资料,本书不做详细讲解。

5.6 本章小结

本章主要介绍 HBase 分布式数据库的相关知识,包括 HBase 的数据模型、HBase 集群部署、HBase 的基本操作、HBase 原理以及 HBase 和 Hive 的整合。通过本章的学习,希望读者能够熟练整合 HBase 和 Hive,并掌握对庞大的数据表进行查询、分析统计等操作。

5.7 课后习题

一、填空题

1. HBase 是一个_____、高性能、_____、可伸缩的分布式数据库。

2. HBase 是构建在_____之上,并为 HBase 提供了高可靠的底层存储支持。

3. HBase 是通过_____协议与客户端进行通信。

4. HBase 表的数据按照_____的字典序进行排列。

5. 当 MemStore 存储的数据达到一个阈值时,MemStore 里面的数据就会被 flush 到 StoreFile 文件,这个阈值默认是_____。

二、判断题

1. HBase 起源于 2006 年 Google 发表的 BigTable 论文。　　　　　　（　　）

2. HBase 是基于行进行存储的。　　　　　　（　　）

3. HBase 中,若有多个 HMaster 节点共存,则所有 HMaster 都提供服务。　　（　　）

4. StoreFile 底层是以 HFile 文件的格式保存在 HDFS 上。　　　　　（　　）

5. 在 HBase 中,往 HBase 写数据的流程就是一个寻址的流程。　　　　（　　）

三、选择题

1. 下列选项中,哪个不属于 HBase 的特点?(　　　)

　　A. 面向列　　　　　　B. 容量小　　　　　　C. 多版本　　　　　　D. 扩展性

2. 下列选项中,HBase 是将哪个作为其文件存储系统的?(　　　)

　　A. MySQL　　　　　　B. GFS　　　　　　C. HDFS　　　　　　D. MongoDB

3. HBase 官方版本不可以安装在什么操作系统上?(　　　)

　　A. CentOS　　　　　　B. Ubuntu　　　　　　C. RedHat　　　　　　D. Windows

四、简答题

1. 简述 HBase 分布式数据库与传统数据库的区别。

2. 简述 HBase 读写数据的流程。

五、编程题

通过 HBase 的 Java API 编程，实现以下操作：

（1）创建一张表名为 t_user_info、列族名分别为 base_info 和 extra_info 的 HBase 数据表。

（2）向创建好的 HBase 数据表中进行插入数据的操作。

第 6 章
Kafka分布式发布订阅消息系统

学习目标

- 掌握基本的消息传递模式。
- 掌握 Kafka 集群部署的方法。
- 掌握 Kafka 的基本操作方法。
- 了解 Kafka Streams API 的使用方法。

Kafka 是一个高吞吐量的分布式发布订阅消息系统,它在实时计算系统中有着非常强大的功能。通常情况下,使用 Kafka 构建系统或应用程序之间的数据管道,用来转换或响应实时数据,使数据能够及时地进行业务计算,得出相应结果。本章将针对 Kafka 工作原理、Kafka 集群部署以及 Kafka 的基本操作进行详细讲解。

6.1 Kafka 的基础知识

6.1.1 消息传递模式简介

大数据系统面临的首要困难是海量数据之间该如何进行传输。为了解决大数据集的传输困难,就必须要构建一个消息系统。

一个消息系统负责将数据从一个应用程序传递到另外一个应用程序中,应用程序只关注数据,无须关注数据在多个应用之间是如何传递的,分布式消息传递基于可靠的消息队列,在客户端应用和消息系统之间异步传递消息。

目前市面上有许多消息系统,如 Kafka、RabbitMQ、ActiveMQ 等。Kafka 是专门为分布式高吞吐量系统而设计开发的,它非常适合在海量数据集的应用程序中进行消息传递。消息传递一共有两种模式,分别是点对点消息传递模式和发布订阅消息传递模式。接下来,详细讲解消息传递的两种模式。

1. 点对点消息传递模式

点对点消息传递模式(Point to Point,P2P),通常是一个基于拉取或者轮询的消息传递模式,其消息传递结构如图 6-1 所示。

图 6-1 所示的点对点消息传递模式结构中,消息是通过一个虚拟通道进行传递的,生产者发送一条数据,消息将持久化到一个队列中,此时将有一个或者多个消费者会消费队列中的数据,但是一条消息只能被消费一次,并且消费后的消息会从消息队列中删除,因此,即使

图 6-1　点对点消息传递模式结构

有多个消费者同时消费数据,数据都可以被有序处理。

2. 发布订阅消息传递模式

发布订阅消息传递模式(Publish/Subscribe)是一个基于推送的消息传送模式,其消息传递结构如图 6-2 所示。

图 6-2　发布订阅消息传递模式结构

从图 6-2 可以看出,在发布订阅模式中,发布者用于发布消息,订阅者用于订阅消息,发布订阅模式可以有多种不同的订阅者,发布者发布的消息会被持久化到一个主题中,与点对点模式不同的是,订阅者可以订阅一个或多个主题,订阅者可以读取该主题中的所有数据,同一条数据可以被多个订阅者消费,数据被消费后也不会立即删除。

6.1.2　Kafka 简介

Kafka 是由 Apache 软件基金会开发的一个开源流处理平台,它使用 Scala 和 Java 语言编写,是一个基于 Zookeeper 系统的分布式发布订阅消息系统,该项目的设计初衷是为实时数据提供一个统一、高通量、低等待的消息传递平台。在 0.10 版本之前,Kafka 只是一个消息系统,主要用来解决应用解耦、异步消息等问题,在 0.10 版本之后,Kafka 推出了连接器与流处理的功能,使其逐渐成为一个流式数据平台。

ApacheKafka 作为分布式消息系统,可以处理大量的数据,并能够将消息从一个端点传递到另外一个端点。Kafka 系统在大数据领域中的应用非常普遍,它能够在离线和实时两种大数据计算架构中处理数据,这得益于 Kafka 的众多优点,其优点具体如下。

(1)解耦。Kafka 具备消息系统的优点,只要生产者和消费者数据两端遵循接口约束,就可以自行扩展或修改数据处理的业务过程。

(2)高吞吐量、低延迟。即使在非常廉价的机器上,Kafka 也能做到每秒处理几十万条消息,而它的延迟最低只有几毫秒。

(3)持久性。Kafka 可以将消息直接持久化在普通磁盘上,且磁盘读写性能优异。

(4)扩展性。Kafka 集群支持热扩展,Kafka 集群启动运行后,用户可以直接向集群添加新的 Kafka 服务。

(5)容错性。Kafka 会将数据备份到多台服务器节点中,即使 Kafka 集群中的某一台节点宕机,也不会影响整个系统的功能。

(6)支持多种客户端语言。Kafka 支持 Java、.NET、PHP、Python 等多种语言。

在大数据计算系统的开发场景中,若需要对接外部数据源时,就可以使用 Kafka 系统,如读者熟悉的日志收集系统和消息系统,Kafka 读取日志系统中的数据,每得到一条数据,就可以及时地处理一条数据,这就是常见的流式计算框架。在流式计算框架中,Kafka 一般用来缓存数据,它与 Apache 旗下的 Spark、Storm 等计算框架有着非常好的集成,这些计算框架可以接收 Kafka 中的缓存数据并进行计算,实时得出计算结果。

Kafka 使用消费组(Consumer Group)的概念统一了点对点消息传递模式和发布订阅消息传递模式,当 Kafka 使用点对点模式时,它可以将待处理的工作任务平均分配给消费组中的消费者成员;当使用发布订阅模式时,它可以将消息广播给多个消费组。Kafka 采用多个消费组结合多个消费者,既可以扩展消息处理的能力,也允许消息被多个消费组订阅。

6.2 Kafka 工作原理

6.2.1 Kafka 核心组件介绍

在深入学习 Kafka 之前,有必要先了解 Kafka 系统的核心组件,图 6-3 展示了 Kafka 的组件结构及各组件之间的关系。

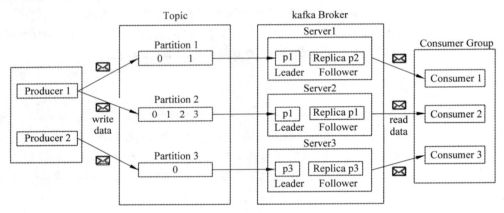

图 6-3 Kafka 组件结构

在图 6-3 中,Kafka 系统中包含许多组件,下面通过表 6-1 对 Kafka 组件及其相关术语进行概括说明。

表 6-1 Kafka 重要组件

组件名称	相关说明
Topic(主题)	特定类别的消息流称为主题,数据存储在主题中,主题被拆分成分区
Partition(分区)	主题的数据分割为一个或多个分区,每个分区的数据使用多个 segment 文件存储,分区中的数据是有序的
Offset(偏移量)	每个分区消息具有的唯一序列标识
Replica(副本)	副本只是一个分区的备份,它们用于防止数据丢失
Producer(生产者)	生产者即数据的发布者,该角色将消息发布到 Kafka 集群的主题中
Consumer(消费者)	消费者可以从 Broker 中读取数据,消费者可以消费多个主题数据

组 件 名 称	相 关 说 明
Broker（消息代理）	Kafka 集群包含一个或多个服务器，每个 Kafka 服务节点成为 Broker，Broker 接收到消息后，将消息追加到 segment 文件中
Leader（领导者）	负责分区的所有读写操作，每个分区都有一个服务器充当 Leader
Follower（追随者）	跟随领导指令信息，如果 Leader 发生故障，则选举出一个 Follower 作为新的 Leader
Consumer Group（消费组）	实现一个主题消息的广播和单播的手段，如果需要实现广播，只需要每个消费者拥有一个独立的消费组即可，要实现单播只需要所有的消费者在同一个消费组即可

Kafka 集群是由生产者（Producer）、消息代理服务器（Broker Server）、消费者（Consumer）组成的。发布到 Kafka 集群的每条消息都有一个主题（Topic），可以简单地将主题当作是数据库的数据表名。不同种类的数据可以设置成不同的主题，而一个主题会有多个消息的订阅者，当生产者发布消息到某个主题时，订阅这个主题的消费者都可以接收到消息。这就好比新闻联播中有多种新闻信息，每晚 19 点，全国的观众（订阅者）都可以观看新闻。

在物理意义上可以把主题看作是分区的日志文件，每个分区都是有序的，不可变的记录序列，新的消息会不断地追加到日志中，分区中的每条消息都会按照时间顺序分配一个递增的顺序编号，即图 6-3 中 Partition 1 的 0、1 两个偏移因子，通常被称为偏移量（Offset），这个偏移量能够定位当前分区中的每一条消息。Partition 2 中有 4 个偏移量，Partition 3 则有 1 个偏移量。

分区日志以分布式的方式存储在 Kafka 集群上，为了故障容错，每个分区都会以副本的方式复制到其他 Broker 节点上，如果一个主题的副本数是 1，那么 Kafka 在集群中为每个分区创建 1 个副本，通过在 Zookeeper 集群上创建临时节点来实现选举（这是利用了 Zookeeper 强一致性的特性，一个节点只能被一个客户端创建成功），其中一个分区会作为 Leader（如图中的 p1 或 p2 或 p3），其他副本分区作为 Follower。Leader 负责所有客户端的读写操作，Follower 负责从它的 Leader 中同步数据，当 Leader 发生故障时，Follower 就会从该副本分区的 Follower 角色中选取新的 Leader。因为每个分区的副本中只有 Leader 分区接收读写，所以每个服务端中都会有 Leader 分区，以及另外一些分区的 Follower 副本，这样 Kafka 集群的所有服务端整体上对客户端是负载均衡的。

Kafka 的消费者通过订阅主题来消费消息，并且每个消费者都会设置一个消费组名称（Consumer Group）。由于生产者发布到主题的每一条消息只会发送给一个消费者，因此要实现传统消息系统的点对点模式，可以让每个消费者都拥有一个相同的消费组，这样消息就会负载均衡到所有的消费者了；而实现发布订阅模式的话，则每个消费者的消费组名称都不相同，这样每条消息就会广播给所有的消费者了。同一个消费组下有多个消费者互相协调进行消费工作，Kafka 会将所有的分区平均分配给所有的消费者实例对象，这样每个消费者都可以分配到平均数量的分区。Kafka 的消费组管理协议会动态地维护消费组成员列表，当一个消费者新加入或离开消费组时，都会触发平衡操作。

6.2.2　Kafka 工作流程分析

Kafka 的结构含有众多组件,每个组件相互协调工作,其工作流程主要分为生产者生产消息过程和消费者消费消息过程。

1. 生产者生产消息过程

生产者向 Kafka 集群中生产消息,可以通过图 6-4 进行概括。

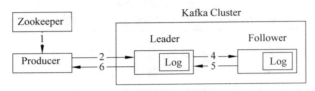

图 6-4　Producer 生产消息的过程

从图 6-4 可以看出,Producer 生产消息的过程可以简单分为 6 步,具体如下。

(1) Producer 先读取 Zookeeper 的"/brokers/.../state"节点,并从中找到该 Partition 的 Leader。

(2) Producer 将消息发送给 Leader。

(3) Leader 负责将消息写入本地分区 Log 文件中。

(4) Follower 从 Leader 中读取消息,完成备份操作。

(5) Follower 写入本地 Log 文件后,Follower 向 Leader 发送 Ack,Kafka 的 Ack 机制:每次发送消息都会有一个确认反馈机制,以确保消息正常送达。

(6) Leader 收到所有 Follower 发送的 Ack 后,向 Producer 发送 Ack,生产消息完成。

Producer 是消息的生产者,通常情况下,数据消息源可以是服务器日志、业务数据以及 Web 服务数据等,生产者采用推送的方式将数据消息发布到 Kafka 的主题中,主题本质就是一个目录,而主题是由 Partition Logs(分区日志)组成,每条消息都被追加到分区中,其组织结构如图 6-5 所示。

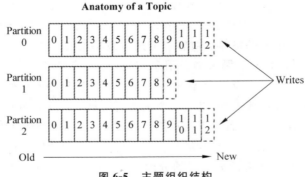

图 6-5　主题组织结构

在图 6-5 中,主题结构有 3 个分区,每个分区的偏移量都是从 0 开始的,不同分区之间的偏移量都是独立的,不会相互影响,生产的消息会不断地追加到分区日志中,其中每一个消息都被赋予了一个唯一的 Offset 值,发布到主题的每条消息都包括键值和时间戳,原始的消息内容和分配的偏移量以及其他一些元数据信息最后都会存储到分区日志文件中,消息的键也可以不用设置,这种情况下消息会均衡地分布到不同的分区。

最终主题的数据保存在 Broker 中,一个主题可以有多个分区,在物理节点上,每个分区对应一个文件夹,该文件夹中存储的是当前分区的所有消息和索引文件。Kafka 针对每个分区数据可以进行备份操作(在 server. properties 配置文件中设置 default. replication. factor),若没有分区备份,一旦 Broker 发生故障,其所有的分区数据都不会被消费。

📖 多学一招:**Kafka 分区策略**

Kafka 默认的分区策略有 3 点,其一是如果在发消息的时候指定了分区,则消息发送到指定的分区中;其二是如果没有指定分区,但消息的 Key 不为空,则基于 Key 的哈希值来选择一个分区;其三是如果既没有指定分区,且消息的 Key 值为空,则用轮询的方式选择一个分区。分区不仅可以方便地在集群中扩展,还可以提高并发读取消息的能力。

2. 消费者消费消息过程

消息由生产者发布到 Kafka 集群后,会被消费者消费,消息的消费模型有两种:推送模型(Push)和拉取模型(Pull)。

基于推送模型的消息系统,是由消息代理记录消费者的消费状态,消息代理将消息数据推送给消费者后,就标记这条消息被消费了,如果此时消费者由于网络抖动或者宕机等原因造成消息数据丢失,这对于数据准确性要求高的业务来说,后果是非常严重的。消息发送速率是由 Broker 决定的,其目标是尽可能以最快的速度传递消息,但这样很容易造成网络阻塞。

Kafka 采用拉取模型,由消费者记录消费状态,根据主题、Zookeeper 集群地址和要消费消息的偏移量,每个消费者互相独立地按顺序读取每个分区的消息,消费者消费消息的流程如图 6-6 所示。

在图 6-6 中,Consumer A、Consumer B 两个消费者读取的是同一个主题的消息,当前状态下,消费者 A 读取到数据偏移量是 9,消费者 B 读取到数据偏移量是 11,生产者正在向偏移量为 12 的地址写入数据,最新写入的数据如果还没有达到备份数量时,偏移量为 12 的数据是对消费者不可见的。采用由消费者控制偏移量的方式,可以使消费者按照任意的顺序消费信息,消费者可以重置回之前设

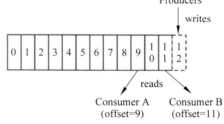

图 6-6　消费者消费消息的流程

置的偏移量,重新处理之前已经消费的消息,或者直接选择最近的消费位置开始消费。

在某些消息系统中,消息代理会在消息被消费之后立即将其删除。如果有不同类型的消费者订阅同一个主题,消息代理可能需要冗余地存储同一消息,或者等所有消费者都消费完才删除,这就需要消息代理跟踪每个消费者的消费状态,这种设计很大程度上限制了消息系统的整体吞吐量和处理延迟。Kafka 的设计方法使生产者发布的所有消息都保存在 Kafka 集群中,不管消息有没有被消费。用户可以通过设置保留时间清理过期的数据。例如,保留策略设置为两天,那么,在消息发布之后,它可以被不同的消费者消费,在两天之后,

这条消息就会过期,过期的消息就会被自动清理掉。

　　Kafka 采用拉取模型的消费方式,可简化消息代理的设计,消费者可自主控制消费消息的速率以及消费方式(批量消费、逐条消费),同时还能选择不同的提交方式从而实现不同的传输语义。

　　小提示:

　　拉取模型也有缺点,如果 Kafka 集群中没有数据,消费者可能会陷入循环中,一直等待消息到达,为了避免这种情况,可以在 consumer. properties 设置参数,允许消费者请求在等待数据到达的"长轮询"中进行阻塞(并且可选择等待到达给定的字节数,以确保传输数据的大小)。

6.3　Kafka 集群部署与测试

　　在学习了 Kafka 理论知识后,接下来将在虚拟机中搭建 Kafka 集群,Kafka 集群部署难度不大,但读者需要细心地填写相关配置文件。

6.3.1　安装 Kafka

　　Kafka 集群部署依赖于 Java 环境和 Zookeeper 服务,在本书第 2 章搭建 Spark HA 小节中已经完成了上述环境和 Zookeeper 集群的配置。下面通过 4 个步骤讲解 Kafka 集群的安装流程。

1. 下载、解压安装包

　　Kafka 集群安装很简单,访问 Kafka 官方网站下载安装包,由于后续章节会与 Spark 框架整合使用,因此在选择 Kafka 的版本时要与 Scala 版本保持一致,本书选择当前最新稳定版本 kafka_2.11-2.0.0. tgz。

　　下载完成后,将安装包上传至 hadoop01 节点中的/export/software 目录下,使用以下命令解压安装包:

```
$ tar - zxvf kafka_2.11-2.0.0.tgz /export/servers/
```

2. 修改配置文件

　　进入 Kafka 文件夹下的 config 目录,修改 server. properties 配置文件,修改后的内容如文件 6-1 所示。

　　文件 6-1　server. properties

```
1    #broker 的全局唯一编号,不能重复
2    broker.id=0
3    #用来监听链接的端口,producer 或 consumer 将在此端口建立连接
4    port=9092
5    #处理网络请求的线程数量
```

```
 6    num.network.threads=3
 7   #用来处理磁盘 I/O 的现成数量
 8    num.io.threads=8
 9   #发送套接字的缓冲区大小
10    socket.send.buffer.bytes=102400
11   #接受套接字的缓冲区大小
12    socket.receive.buffer.bytes=102400
13   #请求套接字的缓冲区大小
14    socket.request.max.bytes=104857600
15   #kafka 运行日志存放的路径
16    log.dirs=/export/data/kafka/
17   #topic 在当前 broker 上的分片个数
18    num.partitions=2
19   #用来恢复和清理 data 下数据的线程数量
20    num.recovery.threads.per.data.dir=1
21   #segment 文件保留的最长时间,超时将被删除
22    log.retention.hours=1
23   #滚动生成新的 segment 文件的最大时间
24    log.roll.hours=1
25   #日志文件中每个 segment 的大小,默认为 1GB
26    log.segment.bytes=1073741824
27   #周期性检查文件大小的时间
28    log.retention.check.interval.ms=300000
29   #日志清理是否打开
30    log.cleaner.enable=true
31   #broker 需要使用 zookeeper 保存 meta 数据
32    zookeeper.connect=hadoop01:2181,hadoop02:2181,hadoop03:2181
33   #zookeeper 链接超时时间
34    zookeeper.connection.timeout.ms=6000
35   #partion buffer 中,消息的条数达到阈值时,将触发 flush 到磁盘的操作
36    log.flush.interval.messages=10000
37   #消息缓冲的时间,达到阈值时,将触发 flush 到磁盘的操作
38    log.flush.interval.ms=3000
39   #删除 topic
40    delete.topic.enable=true
41   #设置本机 IP
42    host.name=hadoop01
```

关于文件 6-1 中的核心参数介绍如下：

（1）broker. id：集群中每个节点的唯一且永久的名称,该值必须大于或等于 0,在本案例中,主机名为 hadoop01、hadoop02、hadoop03 的节点中,该参数值依次设置为 0、1、2。

（2）log. dirs：指定运行日志存放的地址,可以指定多个目录,并以逗号分隔。

（3）zookeeper. connect：指定 Zookeeper 集群中的 IP 与端口号。

（4）delete. topic. enable：是否允许删除 Topic,如果设置 true,表示允许删除。

（5）host. name：设置本机 IP 地址。若设置错误,则客户端会抛出 Producer connection to localhost:9092 unsuccessful 的异常信息。

3．添加环境变量

为了操作方便，可以在/etc/profile 文件中添加 Kafka 环境变量，配置参数如下。

```
export KAFKA_HOME=/export/servers/kafka_2.11-2.0.0
export PATH=$PATH:$KAFKA_HOME/bin
```

4．分发文件

修改配置文件后，将 Kafka 本地安装目录/export/servers/kafka_2.11－2.0.0 以及环境变量配置文件/etc/profile 分发至 hadoop02、hadoop03 机器，命令如下。

```
$scp -r kafka_2.11-2.0.0/ hadoop02:/export/servers/
$scp -r kafka_2.11-2.0.0/ hadoop03:/export/servers/
$scp /etc/profile hadoop02:/etc/profile
$scp /etc/profile hadoop03:/etc/profile
```

分发完成后，根据当前节点的情况修改 broker.id 和 host.name 参数，随后还需要使用 source /etc/profile 使环境变量生效。至此，Kafka 集群配置完毕。

6.3.2 启动 Kafka 服务

Kafka 服务启动前，需要先启动 Zookeeper 集群服务。在 3 台节点上依次输入 zkServer.sh start 启动 Zookeeper 服务，也可以通过一键启动脚本启动 Zookeeper 集群服务，Zookeeper 服务启动后的效果如图 6-7 所示。

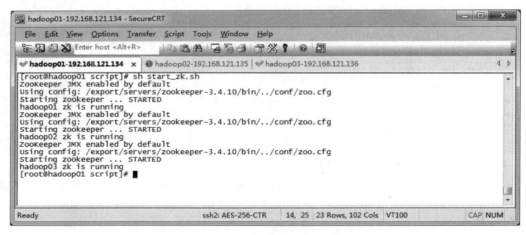

图 6-7　一键启动 Zookeeper 服务

Zookeeper 服务启动成功后，就可以通过 Kafka 根目录下 bin/kafka－server－start.sh 脚本启动 Kafka 服务了，命令如下。

```
$bin/kafka-server-start.sh config/server.properties
```

　　上述命令执行成功后,如果控制台输出的消息中无异常信息,并且光标始终处于闪烁状态,即表示 Kafka 服务启动成功,如图 6-8 所示。

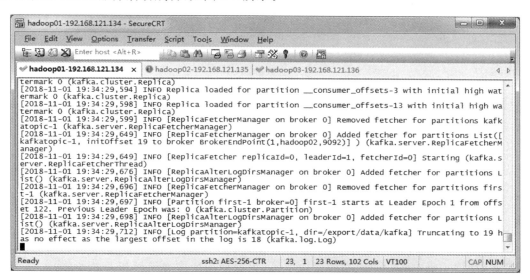

图 6-8　启动 Kafka 服务

　　需要注意的是,当前终端不能被关闭,因为一旦关闭,Kafka 服务就会停止。因此,可以使用克隆会话功能打开一个新的终端,并使用 jps 命令查看 Kafka 进程是否正常,如图 6-9 所示。

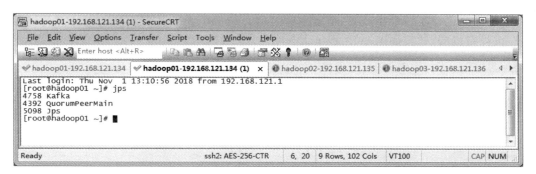

图 6-9　Kafka 服务进程

　　从图 6-9 可以看出,4758 为当前 Kafka 的服务端进程。

6.4　Kafka 生产者和消费者实例

6.4.1　基于命令行方式使用 Kafka

　　命令行操作是使用 Kafka 最基本的方式,也便于初学者入门使用。要想使生产者和消费者互相通信,就必须先创建一个"公共频道",它就是主题,在 Kafka 解压包的 bin 目录下,有一个 kafka-topics.sh 文件,通过该文件就可以操作与主题组件相关的功能,由于前面配置了环境变量,所以可以在任何目录下访问 bin 目录下的所有文件。

下面首先创建一个名为 itcasttopic 的主题,命令如下所示。

```
$kafka-topics.sh --create \
--topic itcasttopic \
--partitions 3 \
--replication-factor 2 \
--zookeeper hadoop01:2181,hadoop02:2181,hadoop03:2181
```

上述命令创建了一个名为 itcasttopic 的主题,该主题的分区数为 3,副本数为 2。关于上述命令参数的相关说明具体如下。

(1) --create:创建一个主题。

(2) --topic:定义主题名称。

(3) --partitions:定义分区数。

(4) --replication-factor:定义副本数。

(5) --zookeeper:指定 Zookeeper 服务 IP 地址与端口号。

主题创建成功后,就可以创建生产者生产消息,用来模拟生产环境中源源不断的消息,bin 目录中的 kafka-console-producer.sh 文件,可以使用生产者组件相关的功能,如向主题中发送消息数据的功能,命令如下所示。

```
$kafka-console-producer.sh \
--broker-list hadoop01:9092,hadoop02:9092,hadoop03:9092 \
--topic itcasttopic
```

上述命令创建了一个生产者,指定主题名称为 itcasttopic,设置 Kafka 集群 IP 地址与端口号,执行完成后,效果如图 6-10 所示。

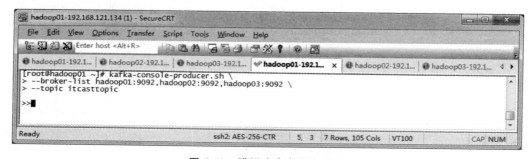

图 6-10　模拟生产者生产消息

从图 6-10 中可以看出,执行命令后并无信息输出,并且光标一直保持在等待输入的状态,此时切换 hadoop02 终端,创建消费者消费消息,bin 目录 kafka-console-consumer.sh 文件,可以使用消费者组件相关的功能,如消费主题中的消息数据的功能,命令如下所示。

```
$kafka-console-consumer.sh \
--from-beginning --topic itcasttopic \
--bootstrap-server hadoop01:9092,hadoop02:9092,hadoop03:9092
```

上述命令中,参数--from-beginning 表示要读取 itcasttopic 主题中的全部内容,可以根据业务需求判断是否需要添加该参数。

上述命令执行完毕后,依然没有任何消息输出,这是因为 hadoop01 节点的生产者没有生产消息,此时返回 hadoop01 终端,输入任意数据,按 Enter 键发送,效果如图 6-11 所示。

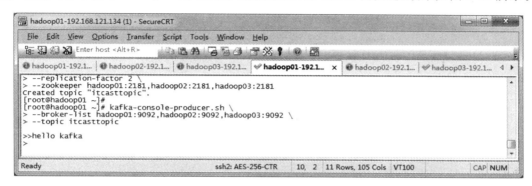

图 6-11　输入生产者消息

在图 6-11 中,向终端输入了 hello kafka 的消息内容,这些单词就是数据源,返回 hadoop02 消费者终端查看消息,如图 6-12 所示。

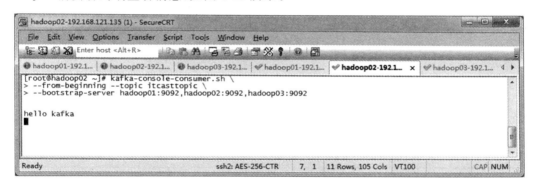

图 6-12　消费者消费消息

从图 6-12 可以看出,此时消费者终端立即接收到了消息数据。

Kafka 常用命令行操作中还可以使用--list 参数查看所有的主题,具体指令如下。

```
$ kafka-topics.sh --list \
--zookeeper hadoop01:2181,hadoop02:2181,hadoop03:2181
```

当想要删除当前主题时,只需要输入以下命令。

```
$ kafka-topics.sh --delete \
--zookeeper hadoop01:2181,hadoop02:2181,hadoop03:2181 \
--topic itcasttopic
```

6.4.2　基于 Java API 方式使用 Kafka

用户不仅能够通过命令行的形式操作 Kafka 服务,Kafka 还提供了许多编程语言的客户端工具,用户在开发独立项目时,通过调用 Kafka API 来操作 Kafka 集群,其核心 API 主要有以下 5 种。

（1）Producer API：构建应用程序发送数据流到 Kafka 集群中的主题。

（2）Consumer API：构建应用程序从 Kafka 集群中的主题读取数据流。

（3）Streams API：构建流处理程序的库,能够处理流式数据。

（4）Connect API：实现连接器,用于在 Kafka 和其他系统之间可扩展的、可靠的流式传输数据的工具。

（5）AdminClient API：构建集群管理工具,查看 Kafka 集群组件信息。

Kafka 作为流数据处理平台,本身功能强大,技术难度较高,有兴趣的读者可以通过官网深入学习。本章将介绍常用 Producer API 以及 Consumer API 来辅助学习 Spark 实时计算框架。

在开发生产者客户端时,Producer API 提供了 KafkaProducer 类,该类的实例化对象用来代表一个生产者进程,生产者发送消息时,并不是直接发送给服务端,而是先在客户端中把消息存入队列中,然后由一个发送线程从队列中消费消息,并以批量的方式发送消息给服务端,关于 KafkaProducer 类常用的方法如表 6-2 所示。

表 6-2　KafkaProducer 常用 API

方 法 名 称	相 关 说 明
abortTransaction()	终止正在进行的事物
close()	关闭这个生产者
flush()	调用此方法会使所有缓冲的记录立即发送
partitionsFor(java. lang. String topic)	获取给定主题的分区元数据
send(ProducerRecord<K,V> record)	异步发送记录到主题

生产者客户端用来向 Kafka 集群中发送消息,消费者客户端则是从 Kafka 集群中消费消息。作为分布式消息系统,Kafka 支持多个生产者和多个消费者,生产者可以将消息发布到集群中不同节点的不同分区上,消费者也可以消费集群中多个节点的多个分区上的消息,消费者应用程序是由 KafkaConsumer 对象代表的一个消费者客户端进程,KafkaConsumer 类常用的方法如表 6-3 所示。

表 6-3　KafkaConsumer 常用 API

方 法 名 称	相 关 说 明
subscribe (java. util. Collection<java. lang. String> topics)	订阅给定的主题列表以获取动态分区
close()	关闭这个消费者
wakeup()	唤醒消费者
metrics()	获取消费者保留的指标
listTopics()	获取有关用户有权查看的所有主题的分区的元数据

接下来,以实例演示的方式,分步骤介绍 Kafka 的 Java API 操作方式。

1. 创建工程,添加依赖

创建一个名为 spark_chapter06 的 Maven 工程,在 pom. xml 文件中添加 Kafka 依赖,需要注意的是,Kafka 依赖需要与虚拟机安装的 Kafka 版本保持一致,配置参数如下所示。

```
<dependencies>
    <dependency>
        <groupId>org.apache.kafka</groupId>
        <artifactId>kafka-clients</artifactId>
        <version>2.0.0</version>
    </dependency>
</dependencies>
```

添加完毕后,IDEA 工具会自动下载相关 Jar 包。

2. 编写生产者客户端

打开 spark_chapter06 工程下的 Java 目录,创建 KafkaProducerTest 文件用来实现生产消息数据并将数据发送到 Kafka 集群,如文件 6-2 所示。

文件 6-2　KafkaProducerTest. java

```
1  import org.apache.kafka.clients.producer.KafkaProducer;
2  import org.apache.kafka.clients.producer.ProducerRecord;
3  import java.util.Properties;
4  public class KafkaProducerTest {
5      public static void main(String[] args) {
6          Properties props =new Properties();
7          // 1. 指定 Kafka 集群的 IP 地址和端口号
8          props.put("bootstrap.servers",
9                      "hadoop01:9092,hadoop02:9092,hadoop03:9092");
10         // 2. 指定等待所有副本节点的应答
11         props.put("acks", "all");
12         // 3. 指定消息发送最大尝试次数
13         props.put("retries", 0);
14         // 4. 指定一批消息处理大小
15         props.put("batch.size", 16384);
16         // 5. 指定请求延时
17         props.put("linger.ms", 1);
18         // 6. 指定缓存区内存大小
19         props.put("buffer.memory", 33554432);
20         // 7. 设置 key 序列化
21         props.put("key.serializer",
22             "org.apache.kafka.common.serialization.StringSerializer");
```

```
23          // 8. 设置 value 序列化
24          props.put("value.serializer",
25              "org.apache.kafka.common.serialization.StringSerializer");
26          // 9. 生产数据
27          KafkaProducer<String, String>producer =
28                      new KafkaProducer<String, String>(props);
29          for (int i = 0; i < 50; i++) {
30              producer.send(new ProducerRecord<String, String>
31              ("itcasttopic", Integer.toString(i), "hello world-" +i));
32          }
33          producer.close();
34      }
35  }
```

上述代码中,第 6～25 行代码设置了 Kafka 集群的 IP 地址、端口号以及其他的相关配置参数,具体参数功能如下。

(1) bootstrap.servers:设置 Kafka 集群的 IP 地址和端口号。

(2) acks:消息确认机制,该值设置为 all,这种策略会保证只要有一个备份存活就不会丢失数据,这种方案是最安全可靠的,但同时效率也会降低。

(3) retries:如果当前请求失败,则生产者可以自动重新连接,但是设置 retries=0 参数,则意味请求失败不会重复连接,这样可以避免消息重复发送的可能。

(4) batch.size:生产者为每个分区维护了未发送数据的内存缓冲区,该缓冲区设置的越大,吞吐量和效率就越高,但也会浪费更多的内存。

(5) linger.ms:指定请求延时,意味着如果在缓冲区没有被填满的情况下,会增加 1ms 的延迟,等待更多的数据进入缓冲区从而增加内存利用率。在默认情况下,即使缓冲区中有其他未使用的空间,也可以立即发送缓冲区。

(6) buffer.memory:指定缓冲区大小。

(7) key.serializer、value.serializer:数据在网络中传输需要进行序列化。

第 27～32 行代码,作用是模拟消息源,向名为 itcasttopic 的主题中发送消息数据。向 Kafka 集群发送消息数据时,只需要调用 KafkaProducer 类的 send()方法,该方法是异步的,调用时,它会将消息数据添加到待处理消息数据发送的缓冲区中,最终以批处理的方式处理消息数据,从而提高效率。send()方法中有 3 个参数,第 1 个参数是指定发送主题,第 2 个参数是设置消息的 Key,第 3 个参数是消息的 Value。

运行文件 6-2 中的代码,返回正在监听 itcasttopic 主题的消费者终端(hadoop02),控制台将会输出发送的自定义数据内容,具体如图 6-13 所示。

从图 6-13 可以看出,生产者生产的消息成功被终端消费。

3. 编写消费者客户端

接下来,通过 Kafka API 创建 KafkaConsumer 对象,用来消费 Kafka 集群中名为 itcasttopic 主题的消息数据。在工程下创建 KafkaConsumerTest.java 文件,代码如文件 6-3 所示。

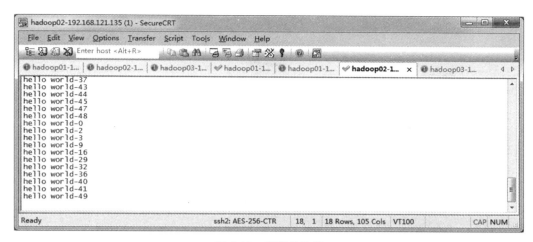

图 6-13　消费者终端

文件 6-3　KafkaConsumerTest.java

```
1    import org.apache.kafka.clients.consumer.ConsumerRecord;
2    import org.apache.kafka.clients.consumer.ConsumerRecords;
3    import org.apache.kafka.clients.consumer.KafkaConsumer;
4    import org.apache.kafka.clients.producer.Callback;
5    import org.apache.kafka.clients.producer.KafkaProducer;
6    import org.apache.kafka.clients.producer.ProducerRecord;
7    import org.apache.kafka.clients.producer.RecordMetadata;
8    import java.util.Arrays;
9    import java.util.Properties;
10   public class KafkaConsumerTest {
11       public static void main(String[] args) {
12           // 1.准备配置文件
13           Properties props = new Properties();
14           // 2.指定 Kafka 集群主机名和端口号
15           props.put("bootstrap.servers",
16                        "hadoop01:9092,hadoop02:9092,hadoop03:9092");
17           // 3.指定消费者组 id,在同一时刻同一消费组中只有
18           // 一个线程可以去消费一个分区消息,不同的消费组可以去消费同一个分区的消息
19           props.put("group.id", "itcasttopic");
20           // 4.自动提交偏移量
21           props.put("enable.auto.commit", "true");
22           // 5.自动提交时间间隔,每秒提交一次
23           props.put("auto.commit.interval.ms", "1000");
24           props.put("key.deserializer",
25               "org.apache.kafka.common.serialization.StringDeserializer");
26           props.put("value.deserializer",
27               "org.apache.kafka.common.serialization.StringDeserializer");
28           KafkaConsumer<String, String>kafkaConsumer =
29                           new KafkaConsumer<String, String>(props);
30           // 6.订阅消息,这里的 topic 可以是多个
31           kafkaConsumer.subscribe(Arrays.asList("itcasttopic"));
```

```
32              // 7.获取消息
33          while (true) {
34              //每隔 100ms 就拉取一次
35              ConsumerRecords<String, String>records =
36                                  kafkaConsumer.poll(100);
37              for (ConsumerRecord<String, String>record : records) {
38                  System.out.printf("topic =%s,
39                                  offset =%d,
40                                  key =%s,
41                                  value =%s%n",
42                                  record.topic(),
43                                  record.offset(),
44                                  record.key(),
45                                  record.value());
46              }
47          }
48      }
49  }
```

Kafka 集群的消息数据需要被不同类型的消费者使用,不同的消费者处理逻辑不同,上述第 19～23 行代码,通过 group. id 设置消费组,auto. commit. interval. ms＝true 与 auto. commit. interval. m＝1000 意味着每秒向 Zookeeper 中写入每个分区的偏移量;key. deserializer 和 value. deserializer 参数是将消息数据进行反序列化。第 33～47 行代码中的 ConsumerRecords 对象是一个容器,用于保存特定主题的每个分区列表。

运行文件 6-3 中的代码,IDEA 控制台并无信息输出,此时只需要重新运行 KafkaProducerTest. java 文件启动生产者即可,效果如图 6-14 所示。

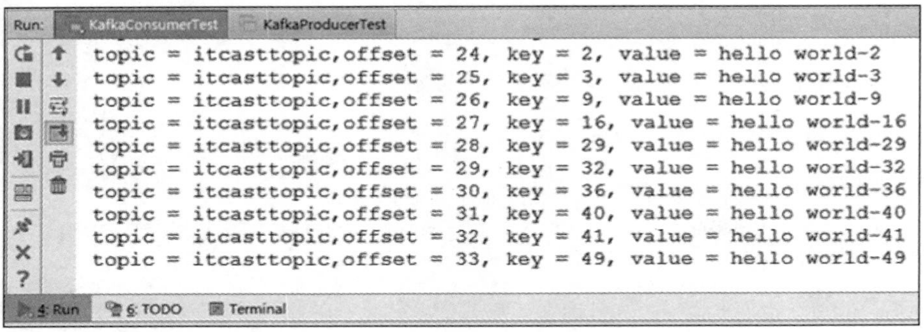

```
Run:    KafkaConsumerTest    KafkaProducerTest
    topic = itcasttopic,offset = 24, key = 2, value = hello world-2
    topic = itcasttopic,offset = 25, key = 3, value = hello world-3
    topic = itcasttopic,offset = 26, key = 9, value = hello world-9
    topic = itcasttopic,offset = 27, key = 16, value = hello world-16
    topic = itcasttopic,offset = 28, key = 29, value = hello world-29
    topic = itcasttopic,offset = 29, key = 32, value = hello world-32
    topic = itcasttopic,offset = 30, key = 36, value = hello world-36
    topic = itcasttopic,offset = 31, key = 40, value = hello world-40
    topic = itcasttopic,offset = 32, key = 41, value = hello world-41
    topic = itcasttopic,offset = 33, key = 49, value = hello world-49
    4: Run    6: TODO    Terminal
```

图 6-14   消费者消费消息

6.5   Kafka Streams

Kafka 在 0.10 版本版本之前,仅作为消息的存储系统,开发者如果要对 Kafka 集群中的数据进行流式计算,需要借助第三方的流计算框架实现,在 0.10 版本之后,Kafka 内置了一个流式处理框架的客户端 Kafka Streams,开发者可以直接以 Kafka 为核心构建流式计算系统。

6.5.1　Kafka Streams 概述

　　Kafka Streams 是 Apache Kafka 开源项目的一个流处理框架,它是基于 Kafka 的生产者和消费者,为开发者提供了流式处理的能力,具有低延迟性、高扩展性、高弹性、高容错性的特点,易于集成到现有的应用程序中。

　　Kafka Streams 是一套处理分析 Kafka 中存储数据的客户端类库,处理完的数据可以重新写回 Kafka,也可以发送给外部存储系统。作为类库,可以非常方便地嵌入到应用程序中,直接提供具体的类供开发者调用,而且在打包和部署的过程中基本没有任何要求,整个应用的运行方式主要由开发者控制,方便使用和调试。

　　在流式计算框架的模型中,通常需要构建数据流的拓扑结构,如生产数据源、分析数据的处理器以及处理完成后发送的目标节点,Kafka 流处理框架同样是将"输入主题→自定义处理器→输出主题"抽象成一个 DAG 拓扑图,如图 6-15 所示。

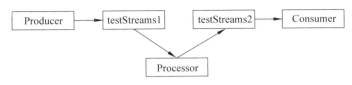

图 6-15　计算流程拓扑图

　　在图 6-15 中,生产者作为数据源不断生产和发送消息至 Kafka 的 testStreams1 主题中,然后通过自定义处理器(Processor)对每条消息根据不同的逻辑执行相应的计算,最后将结果发送到 Kafka 的 testStreams2 主题中供消费者消费消息数据。

　　需要注意的是,任务的执行拓扑图是一张有向无环图(DAG)。有向表示从一个处理节点到另一个处理节点是具有方向性的;无环表示不能有环路,因为一旦有环路,就会陷入死循环状态,任务将无法结束。

6.5.2　Kafka Streams 开发单词计数应用

　　本节,将通过实时计算单词出现的次数的经典案例,分步骤讲解开发流程。

1. 添加依赖

　　在 spark_chapter06 项目中,打开 pom. xml 文件,添加 Kafka Streams 依赖,配置参数如下所示。

```
<dependency>
    <groupId>org.apache.kafka</groupId>
    <artifactId>kafka-streams</artifactId>
    <version>2.0.0</version>
</dependency>
```

　　添加相关依赖时,要注意选择匹配当前版本号,避免不兼容问题。

2．编写代码

根据上述业务流程分析得出，单词数据通过自定义处理器接收并执行相应业务计算，因此创建 LogProcessor 类，并且继承 Streams API 中的 Processor 接口，在 Processor 接口中，定义了以下 3 个方法。

(1) init(ProcessorContext processorContext)：初始化上下文对象。

(2) process(Key,Value)：每接收到一条消息时，都会调用该方法处理并更新状态进行存储。

(3) close()：关闭处理器，这里可以做一些资源清理工作。

Kafka Streams 单词计数详细代码如文件 6-4 所示。

文件 6-4　LogProcessor.java

```
1   import org.apache.kafka.streams.processor.Processor;
2   import org.apache.kafka.streams.processor.ProcessorContext;
3   import java.util.HashMap;
4   public class LogProcessor implements Processor<byte[],byte[]>{
5       private ProcessorContext processorContext;
6       @Override
7       public void init(ProcessorContext processorContext) {
8           this.processorContext=processorContext;
9       }
10      @Override
11      public void process(byte[] key, byte[] value) {
12        String inputOri =new String(value);
13         HashMap <String,Integer>map =new HashMap<String,Integer> ();
14         int times =1;
15         if(inputOri.contains(" ")){
16             //截取字段
17             String [] words =inputOri.split(" ");
18             for (String word : words){
19                 if(map.containsKey(word)){
20                     map.put(word,map.get(word)+1);
21                 }else{
22                     map.put(word,times);
23                 }
24             }
25         }
26         inputOri =map.toString();
27         processorContext.forward(key,inputOri.getBytes());
28      }
29      @Override
30      public void close() {}
31  }
```

在上述代码中，LogProcessor 类实现了 Processor 接口，Processor 接口会被 Kafka 流处理框架在运行时调用，在第 10～28 行代码中，重写父类中的 process()方法，它是业务计算的核心方法，一切计算处理都要在这里实现，最后需要调用 forward()方法，作用是将消息数据转发到拓扑的下游处理节点。

　　单词计数的业务功能开发完成后,Kafka Streams 需要编写一个运行主程序的类 App, 来测试 LogProcessor 业务程序,具体代码如文件 6-5 所示。

文件 6-5　App.java

```
1   import org.apache.kafka.streams.KafkaStreams;
2   import org.apache.kafka.streams.StreamsConfig;
3   import org.apache.kafka.streams.Topology;
4   import org.apache.kafka.streams.processor.Processor;
5   import org.apache.kafka.streams.processor.ProcessorSupplier;
6   import java.util.Properties;
7   public class App {
8       public static void main(String[] args) {
9           //声明来源主题
10          String fromTopic ="testStreams1";
11          //声明目标主题
12          String toTopic ="testStreams2";
13          //设置 KafkaStreams 参数信息
14          Properties props =new Properties();
15          props.put(StreamsConfig.APPLICATION_ID_CONFIG,"logProcessor");
16          props.put(StreamsConfig.BOOTSTRAP_SERVERS_CONFIG,
17                      "hadoop01:9092,hadoop02:9092,hadoop03:9092");
18          //实例化 StreamsConfig 对象
19          StreamsConfig config =new StreamsConfig(props);
20          //构建拓扑结构
21          Topology topology =new Topology();
22          //添加源处理节点,为源处理节点指定名称和它订阅的主题
23          topology.addSource("SOURCE",fromTopic)
24              //添加自定义处理节点,指定处理器类和上一节点的名称
25              .addProcessor("PROCESSOR", new ProcessorSupplier() {
26                  @Override
27                  public Processor get() {
28                      return new LogProcessor();
29                  }
30              },"SOURCE")
31              //添加目标处理节点,需要指定目标处理节点和上一节点的名称
32              .addSink("SINK",toTopic,"PROCESSOR");
33          //实例化 KafkaStreams 对象
34          KafkaStreams streams =new KafkaStreams(topology,config);
35          streams.start();
36      }
37  }
```

　　上述代码中,第 9~12 行代码声明来源主题和目标主题,第 13~21 行代码设置 Kafka 流处理应用程序的配置参数信息,实例化 StreamsConfig 对象、Topology 对象。第 23~32 行核心代码中,应用程序创建拓扑结构器后,分别调用拓扑结构器中的 addSource()、 addProcessor()、addSink()方法,构建出任务的执行拓扑关系。其中 addSource()方法用来 添加源处理节点,需要为源处理节点指定名称和它订阅的 Kafka 主题。addProcessor()方

法用来添加自定义处理节点,需要指定名称、处理器类和上一节点的名称。addSink()方法用来添加目标处理节点,需要指定目标处理节点和上一节点的名称。第 34~35 行代码,实例化 KafkaStreams 对象,并调用 start()方法启动程序。

3. 执行测试

代码编写完成后,在 hadoop01 节点创建 testStreams1 和 testStreams2 主题,命令如下所示。

```
# 创建来源主题
$ kafka-topics.sh --create \
--topic testStreams1 \
--partitions 3 \
--replication-factor 2 \
--zookeeper hadoop01:2181,hadoop02:2181,hadoop03:2181
# 创建目标主题
$ kafka-topics.sh --create \
--topic testStreams2 \
--partitions 3 \
--replication-factor 2 \
--zookeeper hadoop01:2181,hadoop02:2181,hadoop03:2181
```

成功创建好目标主题后,分别在 hadoop01 和 hadoop02 节点启动生产者服务和消费者服务。启动生产者服务的命令如下:

```
$ kafka-console-producer.sh \
--broker-list hadoop01:9092,hadoop02:9092,hadoop03:9092 \
--topic testStreams1
```

启动消费者服务的命令如下:

```
$ kafka-console-consumer.sh \
--from-beginning \
--topic testStreams2 \
--bootstrap-server hadoop01:9092,hadoop02:9092,hadoop03:9092
```

最后,运行 App 主程序类。至此就完成了 Kafka Streams 所需的测试环境。

在生产者服务节点(hadoop01)中输入 hello itcast hello spark hello kafka 语句,返回消费者服务节点(hadoop02)中查看执行效果如图 6-16 所示。

从图 6-16 可以看出,控制台输出{spark＝1,itcast＝1,kafka＝1,hello＝3}信息,说明 Kafka Streams 成功对输入的语句进行了单词计数。

至此,通过单词计数这个简单的案例讲解了 Kafka Streams 的低级 Processor API 的使用方式,它还提供了高级的 DSL API 方式,感兴趣的读者可在 Kafka 官方网站或社区中深入学习 Kafka 提供的流处理框架,即 Kafka Streams。

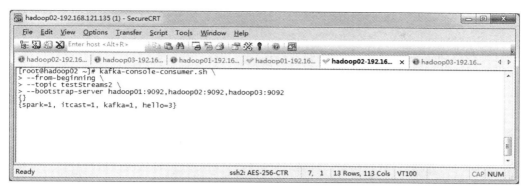

图 6-16   消费者节点输出计算结果

6.6   本章小结

本章主要讲解了什么是 Kafka,如何部署 Kafka 集群以及 Kafka 的工作原理和使用方法。通过本章的学习,读者能够掌握 Kafka 的基本概念和工作流程原理,独立部署以及正确使用 Kafka 集群。本章重点内容是理解 Kafka 组件功能,并独立部署 Kafka 集群,掌握使用 Kafka 的两种操作方式。Kafka 是流式数据处理平台中重要的工具,为后续整合 Spark 进行流式计算系统开发做准备。

6.7   课后习题

一、填空题

1. Kafka 的设计初衷是为实时数据提供一个_____、高通量、_____的消息传递平台。

2. Kafka 的消息传递模式有_____、发布订阅消息传递模式。

3. Kafka 集群是由_____、消息代理服务器(Broker Server)和_____组成。

4. _____是 Apache Kafka 开源项目的一个流处理框架。

5. Kafka 集群中消息的消费模型有两种,分别是_____和_____。

二、判断题

1. Kafka 是由 Twitter 软件基金会开发的一个开源流处理平台。   (   )

2. Kafka 是专门为分布式高吞吐量系统而设计开发的。   (   )

3. Consumer 是数据的生产者,Producer 是数据的消费者。   (   )

4. Kafka Streams 是一套处理分析 Kafka 中存储数据的客户端类库,处理完的数据不可以重新写回 Kafka,但可以发送给外部存储系统。   (   )

5. 在 Kafka 中,若想建立生产者和消费者互相通信,就必须提前创建一个“公共频道”,它就是主题(Topic)。   (   )

三、选择题

1. 下列选项中,哪个不是 Kafka 的优点?(   )
   A. 解耦   B. 高吞吐量   C. 高延迟   D. 容错性
2. 下列选项中,哪个选项是每个分区消息的唯一序列标识?(   )
   A. Topic   B. Partition   C. Broker   D. Offset
3. 下列选项中,哪个不属于消息系统?(   )
   A. Kafka   B. RabbitMQ   C. ActiveMQ   D. Zookeeper

四、简答题

1. 简述 Kafka 消息的传递模式。
2. 简述 Kafka 的工作流程。

五、编程题

通过 Kafka Streaming 编程,实现词频统计(单词出现的次数)的功能。

第 7 章

Spark Streaming实时计算框架

学习目标

- 了解什么是实时计算。
- 理解 Spark Streaming 的工作原理。
- 掌握 DStream 的转换操作方法。
- 掌握 DStream 的窗口操作方法。
- 掌握 DStream 的输出操作方法。
- 掌握 Spark Streaming 和 Kafka 整合。

近年来,在 Web 应用、网络监控、传感监测、电信金融、生产制造等领域,增强了对数据实时处理的需求,而 Spark 中的 Spark Streaming 实时计算框架就是为了实现对数据实时处理的需求而设计的。在电子商务网站中通过从用户点击的行为(如加入购物车)和浏览的历史记录中发现用户的购买意图和兴趣,然后通过 Spark Streaming 实时计算框架的分析处理,为之推荐相关商品,从而有效地提高商品的销售量,同时也增加了用户的满意度,可谓是"一举两得"。因此,本章将针对 Spark Streaming 实时计算框架相关的知识进行详细介绍。

7.1 实时计算的基础知识

7.1.1 什么是实时计算

传统的数据处理流程(离线计算),先是收集数据,然后将数据存储到数据库中。当需要某些数据时,可以通过对数据库中的数据做操作,得到所需要的数据,再进行其他相关的处理。这样的处理流程会造成结果数据密集,结果数据密集则数据反馈不及时。在实时搜索的应用场景中,需要实时数据做决策,而传统的数据处理并不能很好地解决问题,这就引出了一种新的数据计算——实时计算,它可以针对海量数据进行实时计算,无论是在数据采集还是数据处理中,都可以达到秒级别的处理要求。

在大数据技术中,有离线计算、批量计算、实时计算以及流式计算,其中,离线计算和实时计算指的是数据处理的延迟;批量计算和流式计算指的是数据处理的方式。

7.1.2 常用的实时计算框架

目前,业内已经衍生出许多实时计算数据的框架,如 Apache Spark Streaming、Apache Storm、Apache Flink 以及 Yahoo! S4。

1．Apache Spark Streaming

Apache Spark Streaming 即 Apache 公司免费、开源的实时计算框架。它主要是把输入的数据按时间进行切分，并对切分的数据块进行并行计算处理，处理的速度可以达到秒级别。Netflix 公司通过 Kafka 和 Spark Streaming 构建了实时引擎，对每天从各种数据源接收到的数十亿数据进行分析，从而完成电影的推荐功能。

2．Apache Storm

Apache Storm 即 Apache 的一个分布式实时计算系统。Apache Storm 可以简单、高效、可靠地实时处理海量数据，处理数据的速度达到毫秒级别，并将处理后的结果数据保存到持久化介质（如数据库、HDFS）中。JStorm 参考的就是 Apache Storm 开发的实时计算框架，可以说是 Strom 的增强版本，在网络 I/O、线程模型、资源调度、可用性及稳定性上都做了极大的改进，供很多企业使用。

3．Apache Flink

Apache Flink 即 Apache 公司开源的计算框架。它不仅可以支持离线处理，还可以支持实时处理。由于离线处理和实时处理所提供的 SLA（服务等级协议）是完全不相同的，所以离线处理一般需要支持低延迟的保证，而实时处理则需要支持高吞吐、高效率的处理。

4．Yahoo! S4（Simple Scalable Streaming System）

Yahoo! S4 即 Yahoo 公司开源的实时计算平台。它是通用的、分布式的、可扩展的，并且还具有容错和可插拔能力，供开发者轻松地处理源源不断产生的数据。

7.2　Spark Streaming 的基础知识

7.2.1　Spark Streaming 简介

Spark Streaming 是构建在 Spark 上的实时计算框架，且是对 Spark Core API 的一个扩展，它能够实现对流数据进行实时处理，并具有很好的可扩展性、高吞吐量和容错性。Spark Streaming 具有如下显著特点。

（1）易用性。

Spark Streaming 支持 Java、Python、Scala 等编程语言，可以像编写离线程序一样编写实时计算的程序。

（2）容错性。

Spark Streaming 在没有额外代码和配置的情况下，可以恢复丢失的数据。对于实时计算来说，容错性至关重要。首先要明确一下 Spark 中 RDD 的容错机制，即每一个 RDD 都是一个不可变的分布式可重算的数据集，它记录着确定性的操作继承关系（lineage），所以只要输入数据是可容错的，那么任意一个 RDD 的分区（Partition）出错或不可用，都可以使用原始输入数据经过转换操作重新计算得到。

（3）易整合性。

Spark Streaming 可以在 Spark 上运行，并且还允许重复使用相同的代码进行批处理。也就是说，实时处理可以与离线处理相结合，实现交互式的查询操作。

7.2.2　Spark Streaming 工作原理

Spark Streaming 支持从多种数据源获取数据，包括 Kafka、Flume、Twitter、ZeroMQ、Kinesis 以及 TCP Sockets 数据源。当 Spark Streaming 从数据源获取数据之后，可以使用如 map、reduce、join 和 window 等高级函数进行复杂的计算处理，最后将处理的结果存储到分布式文件系统、数据库中，最终利用实时 Web 仪表板进行展示。Spark Streaming 支持的输入、输出源如图 7-1 所示。

图 7-1　Spark Streaming 支持的输入、输出数据源

为了能够深入地理解 Spark Streaming，接下来，通过图 7-2 对 Spark Streaming 的内部工作原理进行详细讲解。

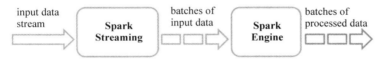

图 7-2　Spark Streaming 工作原理

在图 7-2 中，Spark Streaming 先接收实时输入的数据流，并且将数据按照一定的时间间隔分成一批批的数据，每一段数据都转变成 Spark 中的 RDD，接着交由 Spark 引擎进行处理，最后将处理结果数据输出到外部储存系统。

7.3　Spark 的 DStream

Spark Streaming 的核心是 DStream，本节详细讲解 DStream 相关的操作。

7.3.1　DStream 简介

Spark Streaming 提供了一个高级抽象的流，即 DStream（离散流）。DStream 表示连续的数据流，可以通过 Kafka、Flume 和 Kinesis 等数据源创建，也可以通过现有 DStream 的高级操作来创建。DStream 的内部结构如图 7-3 所示。

从图 7-3 可以看出，DStream 的内部结构是由一系列连续的 RDD 组成，每个 RDD 都是一小段由时间分隔开来的数据集。实际上，对 DStream 的任何操作，最终都会转变成对底层 RDD 的操作。

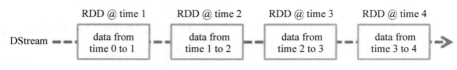

图 7-3　DStream 的内部结构

7.3.2　DStream 编程模型

为了便于更好地使用 DStream，接下来，通过图 7-4 对 DStream 的编程模型进行详细讲解。

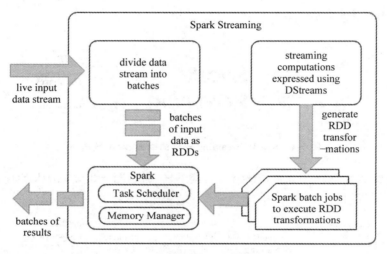

图 7-4　DStream 编程模型

在图 7-4 中，Spark Streaming 将实时的数据分解成一系列很小的批处理任务。批处理引擎 Spark Core 把输入的数据按照一定的时间片（如 1s）分成一段一段的数据，每一段数据都会转换成 RDD 输入到 Spark Core 中，然后将 DStream 操作转换为 RDD 算子的相关操作，即转换操作、窗口操作以及输出操作。RDD 算子操作产生的中间结果数据会保存在内存中，也可以将中间的结果数据输出到外部存储系统中进行保存。

7.3.3　DStream 转换操作

Spark Streaming 中对 DStream 的转换操作会转变成对 RDD 的转换操作。为了更好地描述 DStream 是如何转换操作的，接下来，通过图 7-5 来描述 DStream 的转换操作。

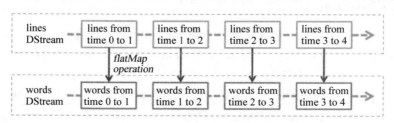

图 7-5　DStream 的转换操作

在图 7-5 中,lines 表示转换操作前的 DStream,words 表示转换操作后生成的 DStream。对 lines 做 flatMap 转换操作,也就是对它内部的所有 RDD 做 flatMap 转换操作。因此,在 Spark Streaming 中,可以通过 RDD 的转换算子生成新的 DStream(即 words)。

接下来,通过表 7-1 来列举 DStream API 提供的与转换操作相关的方法。

表 7-1 DStream API 提供的与转换操作相关的方法

方 法 名 称	相 关 说 明
map(func)	将源 DStream 的每个元素,传递到函数 func 中进行转换操作,得到一个新的 DStream
flatMap(func)	与 map()相似,但是每个输入的元素都可以映射 0 或者多个输出结果
filter(func)	返回一个新的 DStream,仅包含源 DStream 中经过 func 函数计算结果为 true 的元素
repartition(numPartitions)	用于指定 DStream 分区的数量
union(otherStream)	返回一个新的 DStream,包含源 DStream 和其他 DStream 中的所有元素
count()	统计源 DStream 中每个 RDD 包含的元素个数,返回一个新的 DStream
reduce(func)	使用函数 func(有两个参数并返回一个结果)将源 DStream 中每个 RDD 的元素进行聚合操作,返回一个新 DStream
countByValue()	计算 DStream 中每个 RDD 内的元素出现的频次,并返回一个新的 DStream[(K,Long)],其中 K 是 RDD 中元素的类型,Long 是元素出现的频次
reduceByKey(func,[numTasks])	当一个类型为(K,V)键值对的 DStream 被调用时,则返回一个类型为(K,V)键值对的新 DStream,其中每个键的值 V 都是使用聚合函数 func 汇总得到的。注意:默认情况下,使用 Spark 的默认并行度提交任务(本地模式下并行度为 2,集群模式下为 8),可以通过配置参数 numTasks 来设置不同的并行任务数
join(otherStream,[numTasks])	当被调用类型分别为(K,V)和(K,W)键值对的两个 DStream 时,返回类型为(K,(V,W))键值对的一个新 DStream
cogroup(otherStream,[numTasks])	当被调用的两个 DStream 分别含有(K,V)和(K,W)键值对时,则返回一个(K,Seq[V],Seq[W])类型的新 DStream
transform(func)	通过对源 DStream 中的每个 RDD 应用 RDD-to-RDD 函数返回一个新 DStream,这样就可以在 DStream 中做任意的 RDD 操作
updateStateByKey(func)	返回一个新状态的 DStream,其中通过在键的先前状态和键的新值上应用给定函数 func 来更新每一个键的状态。该操作方法主要被用于维护每一个键的任意状态数据

在表 7-1 中,列举了一些 DStream API 提供的与转换操作相关的方法。DStream API 提供的与转换操作相关的方法和 RDD API 有些不同,不同之处在于 RDD API 中没有提供 transform()和 updateStateByKey()两个方法。下面,详细讲解 transform()和 update StateByKey()这两个方法。

1. transform()

通过对源 DStream 中的每个 RDD 应用 RDD-to-RDD 函数返回一个新 DStream，这样就可以在 DStream 中做任意的 RDD 操作。

接下来，通过一个具体的案例来演示如何使用 transform() 方法将一行语句分割成多个单词，具体实现步骤如下。

（1）执行命令 nc-lk 9999 启动服务端且监听 Socket 服务（即 Socket 服务端口号为 9999），并输入数据 I am learning Spark Streaming now，具体命令如下：

```
[root@hadoop01 servers]#nc -lk 9999
I am learning Spark Streaming now
```

（2）打开 IDEA 开发工具，创建一个名称为 spark_chapter07 的 Maven 项目（跳过原型模板的选择）。

（3）配置 pom.xml 文件，引入 Spark Streaming 相关依赖和设置源代码的存储路径。

引入 Scala 编程库、Spark 核心库和 Spark Streaming 依赖，用于编写 Spark Streaming 程序，具体内容如下：

```xml
<dependencies>
    <!--引入 Scala 编程库依赖-->
    <dependency>
        <groupId>org.scala-lang</groupId>
        <artifactId>scala-library</artifactId>
        <version>2.11.8</version>
    </dependency>
    <!--引入 spark 核心依赖-->
    <dependency>
        <groupId>org.apache.spark</groupId>
        <artifactId>spark-core_2.11</artifactId>
        <version>2.0.2</version>
    </dependency>
    <!--引入 sparkStreaming 依赖-->
    <dependency>
        <groupId>org.apache.spark</groupId>
        <artifactId>spark-streaming_2.11</artifactId>
        <version>2.0.2</version>
    </dependency>
</dependencies>
<build>
    <sourceDirectory>src/main/scala</sourceDirectory>
    <testSourceDirectory>src/test/scala</testSourceDirectory>
</build>
```

配置好 pom.xml 文件后，需要在项目的/src/main 和/src/test 目录下分别创建 scala 目录，用来防止 sourceDirectory 和 testDirectory 标签提示错误。

（4）在 spark_chapter07 项目的/src/main/scala 目录下创建一个名为 cn.itcast.

dstream 的包，接着在包下创建名为 TransformTest 的 scala 类，主要用于编写 SparkStreaming 应用程序，实现一行语句分隔成多个单词的功能，具体代码如文件 7-1 所示。

文件 7-1　TransformTest. scala

```
1   import org.apache.spark.streaming.dstream.{DStream,ReceiverInputDStream}
2   import org.apache.spark.streaming.{Seconds, StreamingContext}
3   import org.apache.spark.{SparkConf, SparkContext}
4   object TransformTest {
5       def main(args: Array[String]): Unit ={
6           //1.创建 SparkConf 对象
7           val sparkConf: SparkConf =new SparkConf()
8                   .setAppName("TransformTest ").setMaster("local[2]")
9           //2.创建 SparkContext 对象,它是所有任务计算的源头
10          val sc: SparkContext =new SparkContext(sparkConf)
11          //3.设置日志级别
12          sc.setLogLevel("WARN")
13          //4.创建 StreamingContext,需要两个参数,分别为 SparkContext 和批处理时间间隔
14          val ssc: StreamingContext =new StreamingContext(sc,Seconds(5))
15          //5.连接 socket 服务,需要 socket 服务地址、端口号及存储级别(默认的)
16          val dstream: ReceiverInputDStream[String] =
17                  ssc.socketTextStream("192.168.121.134",9999)
18          //6.使用 RDD-to-RDD 函数,返回新的 DStream 对象(即 words),并空格切分每行
19          val words: DStream[String] =dstream.transform(rdd =>rdd
20                              .flatMap(_.split(" ")))
21          //7.打印输出结果
22          words.print()
23          //8.开启流式计算
24          ssc.start()
25          //9.用于保持程序一直运行,除非人为干预停止
26          ssc.awaitTermination()
27      }
28  }
```

上述代码中，第 6～8 行代码创建 SparkConf 对象，用于配置 Spark 环境；第 10 行代码创建一个 SparkContext 对象 sc，用于操作 Spark 集群；第 12 行代码设置日志输出级别；第 14～17 行代码创建 StreamingContext 对象，用于创建 DStream 对象，通过 dstream 对象连接 socket 服务，获取实时的流数据；第 19 行代码通过 dstream 对象的 transform()方法将实时的流数据用空格进行切分。

运行文件 7-1 中的代码，控制台输出结果如图 7-6 所示。

从图 7-6 可以看出，语句 I am learning Spark Streaming now 在 5s 内被分隔成 6 个单词。

2. updateStateByKey()

返回一个新状态的 DStream，其中通过在键的前一个状态和键的新值应用指定函数来更新每一个键的状态。

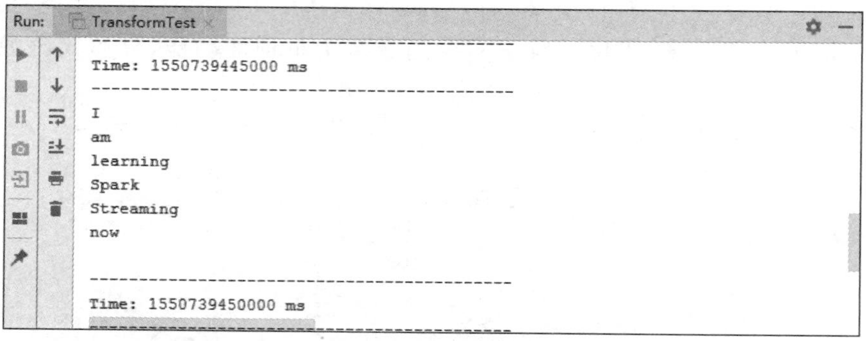

图 7-6   transform()方法的操作

下面,通过一个具体的案例来演示如何使用 updateStateByKey()方法进行词频统计。在 spark_chapter07 项目的/src/main/scala/cn. itcast. dstream 目录下创建一个名为 UpdateStateByKeyTest 的 scala 类,主要用于编写 Spark Streaming 应用程序,实现词频统计,具体代码如文件 7-2 所示。

文件 7-2   UpdateStateByKeyTest. scala

```scala
1   import org.apache.spark.streaming.dstream.{DStream,ReceiverInputDStream}
2   import org.apache.spark.streaming.{Seconds, StreamingContext}
3   import org.apache.spark.{SparkConf, SparkContext}
4   object UpdateStateByKeyTest {
5       //newValues 表示当前批次汇总成的 (K,V)中相同 K 的所有 V
6       //runningCount 表示历史的所有相同 key 的 value 总和
7       def updateFunction(newValues: Seq[Int], runningCount: Option[Int]):
8                                                   Option[Int] = {
9           val newCount = runningCount.getOrElse(0)+newValues.sum
10          Some(newCount)
11      }
12      def main(args: Array[String]): Unit = {
13          //1.创建 SparkConf 对象
14          val sparkConf: SparkConf = new SparkConf()
15              .setAppName("UpdateStateByKeyTest ").setMaster("local[2]")
16          //2.创建 SparkContext 对象,它是所有任务计算的源头
17          val sc: SparkContext = new SparkContext(sparkConf)
18          //3.设置日志级别
19          sc.setLogLevel("WARN")
20          //4.创建 StreamingContext,需要两个参数,分别为 SparkContext 和批处理时间间隔
21          val ssc: StreamingContext = new StreamingContext(sc,Seconds(5))
22          //5.配置检查点目录,使用 updateStateByKey()方法必须配置检查点目录
23          ssc.checkpoint("./")
24          //6.连接 socket 服务,需要 socket 服务地址、端口号及存储级别(默认的)
25          val dstream: ReceiverInputDStream[String] = ssc
26              .socketTextStream("192.168.121.134",9999)
27          //7.按空格切分每一行,并将切分出来的单词出现的次数记录为 1
28          val wordAndOne: DStream[(String, Int)] = dstream.flatMap(_.split(" "))
```

```
29                                    .map(word => (word,1))
30         //8.调用 updateStateByKey 操作,统计单词在全局中出现的次数
31         var result: DStream[(String, Int)] = wordAndOne
32                             .updateStateByKey(updateFunction)
33         //9.打印输出结果
34         result.print()
35         //10.开启流式计算
36         ssc.start()
37         //11.用于保持程序运行,除非被干预停止
38         ssc.awaitTermination()
39     }
40 }
```

上述代码中,第 7~11 行代码定义一个方法 updateFunction(),用于计算每个时间间隔的累计结果;第 14~15 行代码创建 SparkConf 对象,用于配置 Spark 环境;第 17 行代码创建 SparkContext 对象,用于操作 Spark 集群;第 19 行代码设置日志输出级别;第 21 行代码创建 StreamingContext 对象,用于创建 DStream 对象,通过 dstream 对象连接 socket 服务,获取实时的流数据;第 23 行代码配置检查点目录(使用 updateStateByKey()方法必须配置该目录);第 28 行代码通过 dstream 对象的 flatMap()和 map()方法将实时的流数据用空格进行切分,并将出现单词的次数记为 1;第 31 行代码 DStream 对象 wordAndOne 通过 updateStateByKey()方法统计单词出现的次数。

运行文件 7-2 中的代码,在 hadoop01 9999 端口不断输入单词,具体内容如下:

```
[root@hadoop01 servers]#nc -lk 9999
hadoop spark itcast
spark itcast
```

从上述内容可以看出,在 Linux 系统的命令行输入了两次数据,然后观察 IDEA 工具控制台输出,输出的内容如图 7-7 所示。

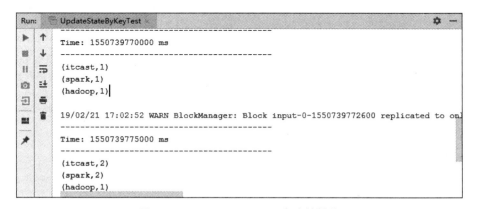

图 7-7　updateStateByKey()方法的操作

从图 7-7 可以看出,IDEA 工具的控制台每隔 5s 接收一次数据,一共接收到两次数据,并且每接收一次数据就会进行词频统计并输出结果。

7.3.4　DStream 窗口操作

在 Spark Streaming 中，为 DStream 提供了窗口操作，即在 DStream 上，将一个可配置的长度设置为窗口，以一个可配置的速率向前移动窗口。根据窗口操作，对窗口内的数据进行计算，每次落在窗口内的 RDD 数据会被聚合起来计算，生成的 RDD 会作为 window DStream 的一个 RDD，窗口操作如图 7-8 所示。

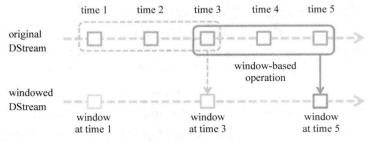

图 7-8　DStream 的窗口操作

在图 7-8 中，该窗口操作的滑动窗口长度为 3 个时间单位，这 3 个时间单位内的 3 个 RDD 会被聚合起来进行计算处理，然后过了 2 个时间单位，又会对最近 3 个时间单位内的数据执行滑动窗口进行计算。

下面，通过表 7-2 来列举 DStream API 提供的与窗口操作相关的方法。

表 7-2　DStream API 提供的与窗口操作相关的方法

方 法 名 称	相 关 说 明
window(windowLength, slideInterval)	返回基于源 DStream 的窗口进行批计算后的一个新 DStream
countByWindow(windowLength, slideInterval)	返回基于滑动窗口的 DStream 中的元素数
reduceByWindow（func, windowLength, slideInterval)	基于滑动窗口的源 DStream 中的元素进行聚合操作，返回一个新 DStream
reduceByKeyAndWindow(func, windowLength, slideInterval, [numTasks])	基于滑动窗口对 (K, V) 类型的 DStream 中的值，按 K 应用聚合函数 func 进行聚合操作，返回一个新 DStream
reduceByKeyAndWindow(func, invFuncwindowLength, slideInterval, [numTasks])	更高效的 reduceByKeyAndWindow() 实现版本。每个窗口的聚合值，都是基于先前窗口的聚合值进行增量计算得到。该操作会对进入滑动窗口的新数据进行聚合操作，并对离开窗口的历史数据进行逆向聚合操作（即以 InvFunc 参数传入）
countByValueAndWindow（windowLength, slideInterval, [numTasks])	基于滑动窗口计算源 DStream 中每个 RDD 内每个元素出现的频次，返回一个由 (K, V) 组成的新的 DStream，其中，K 为 RDD 中的元素类型；V 为元素在滑动窗口出现的次数

在表 7-2 中，列举了一些 DStream API 提供的与窗口操作相关的方法。下面，详细讲解 window() 和 reduceByKeyAndWindow() 两个方法。

1. window()

基于源 DStream 的窗口进行批次计算后，返回一个新 DStream。

接下来，通过一个具体的案例来演示如何使用 window()方法输出 3 个时间单位长度的数据。在 spark_chapter07 项目的/src/main/scala/cn.itcast.dstream 目录下创建一个名为 WindowTest 的 Scala 类，主要用于编写 Spark Streaming 应用程序，实现输出 3 个时间单位中的所有元素，具体代码如文件 7-3 所示。

文件 7-3　WindowTest.scala

```
1  import org.apache.spark.{SparkConf, SparkContext}
2  import org.apache.spark.streaming.{Seconds, StreamingContext}
3  import org.apache.spark.streaming.dstream.{DStream,ReceiverInputDStream}
4  object WindowTest {
5      def main(args: Array[String]): Unit ={
6          //1.创建 SparkConf 对象
7          val sparkConf: SparkConf =new SparkConf()
8                      .setAppName("WindowTest ").setMaster("local[2]")
9          //2.创建 SparkContext 对象,它是所有任务计算的源头
10         val sc: SparkContext =new SparkContext(sparkConf)
11         //3.设置日志级别
12         sc.setLogLevel("WARN")
13         //4.创建 StreamingContext,需要两个参数,分别为 SparkContext 和批处理时间间隔
14         val ssc: StreamingContext =new StreamingContext(sc,Seconds(1))
15         //5.连接 socket 服务,需要 socket 服务地址、端口号及存储级别(默认的)
16         val dstream: ReceiverInputDStream[String] =ssc
17                     .socketTextStream("192.168.121.134",9999)
18         //6.按空格切分每一行
19         val words: DStream[String] =dstream.flatMap(_.split(" "))
20         //7.调用 window 操作,需要两个参数,窗口长度和滑动时间间隔
21         val windowWords: DStream[String] =words.window(Seconds(3),Seconds(1))
22         //8.打印输出结果
23         windowWords.print()
24         //9.开启流式计算
25         ssc.start()
26         //10.让程序一直运行,除非人为干预停止
27         ssc.awaitTermination()
28     }
29 }
```

上述代码中，第 7～8 行代码创建 SparkConf 对象，用于配置 Spark 环境；第 10 行代码创建 SparkContext 对象，用于操作 Spark 集群；第 12 行代码设置日志输出级别；第 14～17 行代码创建 StreamingContext 对象，用于创建 DStream 对象，通过 dstream 对象连接 socket 服务，获取实时的流数据；第 19 行代码通过 dstream 对象的 flatMap()方法将实时的流数据用空格进行切分；第 21 行代码调用 window()方法，用于限制窗口的长度。

运行文件 7-3 中的代码，在 hadoop01 9999 端口每秒输入一个数字，具体内容如下：

```
[root@hadoop01 servers]#nc -lk 9999
1
2
3
4
5
```

　　打开 IDEA 工具,可以看到控制台输出窗口长度为 3 个时间单位中的所有元素,输出的内容如图 7-9 所示。

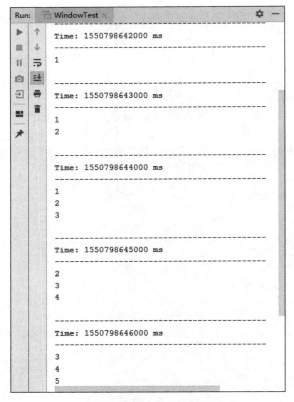

图 7-9　window()方法的操作

　　从图 7-9 可以看出,窗口长度为 3 个时间单位以内的元素都可以输出,而到第 4 个时间单位的时候就看不到数字 1,接着当第 5 个时间单位时,就看不到数字 2,这说明此时 1 和 2 已经不在当前的窗口中。

2. reduceByKeyAndWindow()

　　基于滑动窗口对(Key,Value)类型的 DStream 中的值,按 Key 应用聚合函数进行聚合操作,返回一个新 DStream。

　　接下来,通过一个具体的案例来演示如何使用 reduceByKeyAndWindow()方法统计 3 个时间单位内不同字母出现的次数。在 spark＿chapter07 项目的/src/main/scala/cn. itcast. dstream 目录下创建一个名为 reduceByKeyAndWindowTest 的 Scala 类,用于编写

Spark Streaming 应用程序,具体代码如文件 7-4 所示。

文件 7-4　ReduceByKeyAndWindowTest. scala

```scala
1  import org.apache.spark.{SparkConf, SparkContext}
2  import org.apache.spark.streaming.{Seconds, StreamingContext}
3  import org.apache.spark.streaming.dstream.{DStream,ReceiverInputDStream}
4  object ReduceByKeyAndWindowTest {
5    def main(args: Array[String]): Unit ={
6      //1.创建 SparkConf 对象
7      val sparkConf: SparkConf =new SparkConf()
8        .setAppName("ReduceByKeyAndWindowTest ").setMaster("local[2]")
9      //2.创建 SparkContext 对象,它是所有任务计算的源头
10     val sc: SparkContext =new SparkContext(sparkConf)
11     //3.设置日志级别
12     sc.setLogLevel("WARN")
13     //4.创建 StreamingContext,需要两个参数,分别为 SparkContext 和批处理时间间隔
14     val ssc: StreamingContext =new StreamingContext(sc,Seconds(1))
30     //5.连接 socket 服务,需要 socket 服务地址、端口号及存储级别(默认的)
15     val dstream: ReceiverInputDStream[String] =ssc
31                      .socketTextStream("192.168.121.134",9999)
32     //6.按空格切分每一行,并将切分的单词出现次数记录为 1
33     val wordAndOne: DStream[(String, Int)] =dstream.flatMap(_.split(" "))
34                                  .map(word => (word,1))
35     //7.调用 reduceByKeyAndWindow 操作
36     val windowWords: DStream[(String, Int)] =wordAndOne
37       .reduceByKeyAndWindow((a:Int, b:Int)=> (a+b),Seconds(3),Seconds(1))
16     //8.打印输出结果
17     windowWords.print()
18     //9.开启流式计算
19     ssc.start()
20     //10.让程序一直运行,除非人为干预停止
21     ssc.awaitTermination()
22   }
23  }
```

在上述代码中,调用 reduceByKeyAndWindow()方法需要 3 个参数,分别是函数、窗口长度及时间间隔。其中,窗口长度和时间间隔必须是批处理时间间隔的整数倍。

运行文件 7-4 中的代码,在 hadoop01 9999 端口每秒输入一个字母,具体内容如下:

```
[root@hadoop01 servers]#nc -lk 9999
a
a
b
b
c
```

打开 IDEA 工具,可以看到控制台输出窗口长度为 3 个时间单位内不同字母出现的次数,输出内容如图 7-10 所示。

从图 7-10 可以看出,当时间为 4s(即 1 550 799 799 000ms)时,最前面的字母 a 已经不在当前的窗口中,因此字母 a 的次数为 1;当时间为 5s(即 1 550 799 800 000ms)时,第 2 个

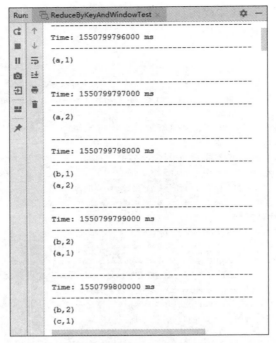

图 7-10   reduceByKeyAndWindow()方法的操作

字母 a 也不在当前窗口中,因此就没有输出字母 a 出现的次数。

7.3.5   DStream 输出操作

在 Spark Streaming 中,DStream 的输出操作是真正触发 DStream 上所有转换操作进行计算(类似于 RDD 中的 Action 算子操作)的操作,然后经过输出操作,DStream 中的数据才能与外部进行交互,如将数据写入到分布式文件系统、数据库以及其他应用中。

下面,通过表 7-3 列举 DStream API 提供的与输出操作相关的方法。

表 7-3   DStream API 提供的与输出操作相关的方法

方 法 名 称	相 关 说 明
print()	在 Driver 中打印出 DStream 中数据的前 10 个元素
saveAsTextFiles(prefix,[suffix])	将 DStream 中的内容以文本的形式进行保存,其中每次批处理间隔内产生的文件以 prefix-TIME _ IN _ MS [.suffix]的方式命名。
saveAsObjectFiles(prefix,[suffix])	将 DStream 中的内容按对象进行序列化,并且以 SequenceFile 的格式保存。每次批处理间隔内产生的文件以 prefix-TIME_IN_MS[.suffix]的方式命名
saveAsHadoopFiles(prefix,[suffix])	将 DStream 中的内容以文本的形式保存为 Hadoop 文件,其中每次批处理间隔内产生的文件以 prefix-TIME_IN_ MS[.suffix]的方式命名
foreachRDD(func)	最基本的输出操作,将 func 函数应用于 DStream 中的 RDD 上,这个操作会输出数据到外部系统,如保存 RDD 到文件或者网络数据库等

在表 7-3 中,列举了一些 DStream API 提供的与输出操作相关的方法。其中,prefix 必须设置,表示文件夹名称的前缀;[suffix]是可选的,表示文件夹名后缀。

接下来,通过一个具体的案例来演示如何使用 saveAsTextFiles()方法将 nc(netcat 命令的缩写,主要用于监听端口)交互界面输入的内容保存在 HDFS 的/user/root/saveAsTextFiles 文件夹下,并将每个批次的数据单独保存为一个文件夹,其中 prefix 为文件夹前缀,suffix 为文件夹的后缀,具体代码如文件 7-5 所示。

文件 7-5　SaveAsTextFilesTest. scala

```scala
1   import org.apache.spark.{SparkConf, SparkContext}
2   import org.apache.spark.streaming.{Seconds, StreamingContext}
3   import org.apache.spark.streaming.dstream.ReceiverInputDStream
4   object SaveAsTextFilesTest {
5       def main(args: Array[String]): Unit ={
6           //1.设置本地测试环境
7           System.setProperty("HADOOP_USER_NAME", "root")
8           //2.创建 SparkConf 对象
9           val sparkConf: SparkConf =new SparkConf()
10              .setAppName("SaveAsTextFilesTest ").setMaster("local[2]")
11          //3.创建 SparkContext 对象,它是所有任务计算的源头
12          val sc: SparkContext =new SparkContext(sparkConf)
13          //4.设置日志级别
14          sc.setLogLevel("WARN")
15          //5.创建 StreamingContext,需要两个参数,分别为 SparkContext 和批处理时间间隔
16          val ssc: StreamingContext =new StreamingContext(sc,Seconds(5))
17          //6.连接 socket 服务,需要 socket 服务地址、端口号及存储级别(默认的)
18          val dstream: ReceiverInputDStream[String] =ssc
19                      .socketTextStream("192.168.121.134",9999)
20          //7.调用 saveAsTextFiles 操作,将 nc 交互界面输出的内容保存到 HDFS 上
21          dstream.saveAsTextFiles("hdfs://hadoop01:9000/data/root
22                      /saveAsTextFiles/satf","txt")
23          ssc.start()
24          ssc.awaitTermination()
25      }
26  }
```

上述代码中,第 7 行代码设置本地测试环境;第 9～10 行代码创建 SparkConf 对象,用于配置 Spark 环境;第 12 行代码创建 SparkContext 对象,用于操作 Spark 集群;第 14 行代码设置日志输出级别;第 16～19 行代码创建一个 StreamingContext 对象 ssc,用于创建 DStream 对象,通过 dstream 对象连接 Socket 服务,获取实时的流数据;第 21～22 行代码调用 saveAsTextFiles()方法,将 nc 交互界面输入的数据保存到 HDFS 上。

运行文件 7-5 中的代码,并通过访问浏览器查看 HDFS 的/data/root/saveAsTextFiles 目录下的文件夹,效果如图 7-11 所示。

从图 7-11 可以看出,HDFS 的 data/root/saveAsTextFiles 目录下的文件夹均是以 satf 为前缀,txt 为后缀,说明 saveAsTextFiles()方法已经实现将 nc 交互界面的内容保存在 HDFS 上。

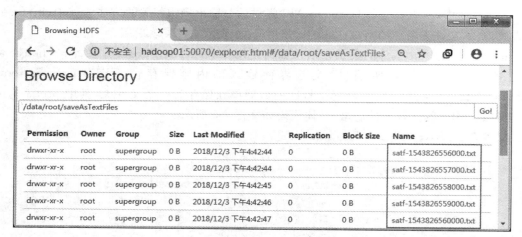

图 7-11   查看 HDFS 的 Web 界面

7.3.6   DStream 实例——实现网站热词排序

接下来,以实现网站热词排序为例,分析出用户对网站哪些词感兴趣或者不感兴趣,以此来增加用户感兴趣词的内容,减少不感兴趣词的内容,从而提升用户访问网站的流量。SparkStreaming 是通过 DStream 编程实现热词排序,并将排名前三的热词输出到 MySQL 数据表中进行保存。具体实现步骤如下。

1. 创建数据库和表

在 MySQL 数据库中创建数据库和表,用于接收处理后的数据,具体语句如下:

```
mysql>create database spark;
mysql>use spark;
mysql>create table searchKeyWord(insert_time date, keyword varchar(30),
    >search_count integer);
```

上述语句中,字段 insert_time 代表的是插入数据的日期;字段 keyword 代表的是热词;字段 search_count 代表的是在指定的时间内该热词出现的次数。

2. 导入依赖

在 pom.xml 文件中,添加 MySQL 数据库的依赖,具体内容如下:

```
<dependency>
    <groupId>mysql</groupId>
    <artifactId>mysql-connector-java</artifactId>
    <version>5.1.38</version>
</dependency>
```

3. 创建 Scala 类,实现热词排序

在 spark_chapter07 项目的/src/main/scala/cn.itcast.dstream 文件夹下,创建一个名

为 HotWordBySort 的 Scala 类，用于编写 Spark Streaming 应用程序，实现热词统计排序，具体实现代码如文件 7-6 所示。

文件 7-6　HotWordBySort. scala

```
1    import java.sql.{DriverManager, Statement}
2    import org.apache.spark.{SparkConf, SparkContext}
3    import org.apache.spark.streaming.{Seconds, StreamingContext}
4    import org.apache.spark.streaming.dstream.{DStream, ReceiverInputDStream}
5    object HotWordBySort {
6        def main(args: Array[String]): Unit = {
7            //1.创建 SparkConf 对象
8            val sparkConf: SparkConf = new SparkConf()
9                       .setAppName("HotWordBySort").setMaster("local[2]")
10           //2.创建 SparkContext 对象
11           val sc: SparkContext = new SparkContext(sparkConf)
12           //3.设置日志级别
13           sc.setLogLevel("WARN")
14           //4.创建 StreamingContext,需要两个参数,分别为 SparkContext 和批处理时间间隔
15           val ssc: StreamingContext = new StreamingContext(sc,Seconds(5))
16           //5.连接 socket 服务,需要 socket 服务地址、端口号及存储级别 (默认的)
17           val dstream: ReceiverInputDStream[String] = ssc
18                       .socketTextStream("192.168.121.134",9999)
19           //6.通过逗号分隔第一个字段和第二个字段
20           val itemPairs: DStream[(String, Int)] = dstream.map(line=>(line
21                       .split(",")(0),1))
22           //7.调用 reduceByKeyAndWindow 操作,需要三个参数
23           val itemCount: DStream[(String, Int)] = itemPairs.reduceByKeyAndWindow
24                   ((v1:Int, v2:Int)=>v1+v2,Seconds(60),Seconds(10))
25           //8.Dstream 没有 sortByKey 操作,所以排序用 transform 实现,false 降序,take(3)取前 3
26           val hotWord=itemCount.transform(itemRDD=>{
27               val top3: Array[(String, Int)] = itemRDD.map(pair=>(pair._2,pair._1))
28               .sortByKey(false).map(pair=>(pair._2,pair._1)).take(3)
29           //9.将本地的集合 (排名前三的热词组成的集合)转成 RDD
30           ssc.sparkContext.makeRDD(top3)
31           })
32           //10. 调用 foreachRDD 操作,将输出的数据保存到 MySQL 数据库的表中
33           hotWord.foreachRDD(rdd=>{
34               val url="jdbc:mysql://192.168.121.134:3306/spark"
35               val user="root"
36               val password="123456"
37               Class.forName("com.mysql.jdbc.Driver")
38               val conn1=DriverManager.getConnection(url,user,password)
39               conn1.prepareStatement("delete from searchKeyWord where 1=1")
40                                              .executeUpdate()
41           conn1.close()
42               rdd.foreachPartition(partitionOfRecords=>{
43                   val url="jdbc:mysql://192.168.121.134:3306/spark"
44                   val user="root"
45                   val password="123456"
```

```
46              Class.forName("com.mysql.jdbc.Driver")
47              val conn2=DriverManager.getConnection(url,user,password)
48              conn2.setAutoCommit(false)
49              val stat: Statement =conn2.createStatement()
50              partitionOfRecords.foreach(record=>{
51              stat.addBatch("insert into searchKeyWord
52                  (insert_time,keyword,search_count) values
53                  (now(),'"+record._1+"','"+record._2+"')")
54              })
55              stat.executeBatch()
56              conn2.commit()
57              conn2.close()
58          })
59      })
60      ssc.start()
61      ssc.awaitTermination()
62      ssc.stop()
63      }
64  }
```

上述代码中,第 8~9 行代码配置本地测试环境;第 11 行代码创建 SparkConf 对象,用于配置 Spark 环境;第 12 行代码创建 SparkContext 对象,用于操作 Spark 集群;第 13 行代码设置日志输出级别;第 15~17 行代码创建 StreamingContext 对象,用于创建 DStream 对象,通过 dstream 对象连接 socket 服务,获取实时的流数据;第 21~22 行代码调用 map 转换操作,通过逗号将第 1 个字段和第 2 个字段进行切分;第 23~24 行代码调用 reduceByKeyAndWindow 窗口操作,计算 10s 内每个单词出现的次数;第 26~31 行代码调用 transform、map 转换操作和 sortByKey 排序操作最终对单词出现的次数进行降序,调用 take() 操作将排名前三的热词组成的集合转成 RDD;第 33~58 行代码调用 foreachRDD 输出操作,将输出的数据保存到 MySQL 数据库的数据表 searchKeyWord 中。

运行文件 7-6 中的代码,并在 hadoop01 9999 端口输入数据,具体内容如下:

```
[root@hadoop01 servers]#nc -lk 9999
hadoop,111
spark,222
hadoop,222
hadoop,222
hive,222
hive,333
```

在 MySQL 的窗口中,执行语句 select * from searchKeyWord 查看数据表 searchKeyWord 中的数据,具体内容如下:

```
mysql>select * from searchKeyWord;
+----------------+----------+-----------------+
| insert_time    | keyword  |  search_count   |
```

```
+--------------+--------------+------------------+
|  2018-12-04  |  hadoop      |        3         |
|  2018-12-04  |  hive        |        2         |
|  2018-12-04  |  spark       |        1         |
+--------------+--------------+------------------+
```

从上述内容可以看出，网站排名前三的热词已经输入到 MySQL 中的 searchKeyWord 表中。

7.4　Spark Streaming 整合 Kafka 实战

Kafka 作为一个实时的分布式消息队列，实时地生产和消费消息。在这里，可以利用 Spark Streaming 实时地读取 Kafka 中的数据，然后再进行相关计算。在 Spark 1.3 版本后，KafkaUtils 里面提供了两个创建 DStream 的方式，一种是 KafkaUtils.createDstream 方式，另一种为 KafkaUtils.createDirectStream 方式。本节详细介绍 DStream 的这两种方式。

7.4.1　KafkaUtils.createDstream 方式

KafkaUtils.createDstream 方式（即基于 Receiver 的方式），主要是通过 Zookeeper 连接 Kafka，receivers 接收器从 Kafka 中获取数据，并且所有 receivers 获取到的数据都会保存在 Spark executors 中，然后通过 Spark Streaming 启动 job 来处理这些数据，具体处理流程如图 7-12 所示。

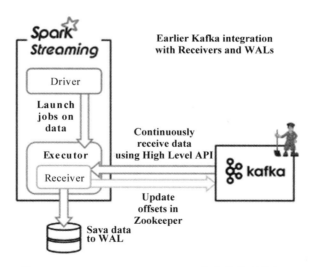

图 7-12　KafkaUtils.createDstream 方式的处理流程

在图 7-12 中，当 Driver 处理 Spark Executors 中的 job 时，默认是会出现数据丢失的情况，此时，如果启用 WAL 日志将接收到的数据同步地保存到分布式文件系统上（如 HDFS），当数据由于某种原因丢失时，丢失的数据能够及时恢复。

接下来，通过一个具体的案例来演示如何使用 KafkaUtils.createDstream 实现词频统计，具体实现步骤如下。

1. 导入依赖

首先需要在 pom. xml 文件中添加 Spark Streaming 整合 Kafka 的依赖。具体内容如下：

```
<dependency>
    <groupId>org.apache.spark</groupId>
    <artifactId>spark-streaming-kafka_0-8_2.11</artifactId>
    <version>2.3.2</version>
</dependency>
```

2. 创建 Scala 类，实现词频统计

在 spark_chapter07 项目的/src/main/scala/cn. itcast. dstream 目录下，创建一个名为 SparkStreaming_Kafka_createDstream 的 Scala 类，用来编写 Spark Streaming 应用程序实现词频统计。具体实现代码如文件 7-7 所示。

文件 7-7　SparkStreaming_Kafka_createDstream. scala

```
1   import org.apache.spark.streaming.dstream.{DStream,ReceiverInputDStream}
2   import org.apache.spark.streaming.kafka.KafkaUtils
3   import org.apache.spark.streaming.{Seconds, StreamingContext}
4   import org.apache.spark.{SparkConf, SparkContext}
5   import scala.collection.immutable
6   object SparkStreaming_Kafka_createDstream {
7       def main(args: Array[String]): Unit ={
8           //1.创建 sparkConf,并开启 wal 预写日志,保存数据源
9           val sparkConf: SparkConf =new SparkConf()
10                  .setAppName("SparkStreaming_Kafka_createDstream")
11                  .setMaster("local[4]")
12              .set("spark.streaming.receiver.writeAheadLog.enable", "true")
13          //2.创建 sparkContext
14          val sc =new SparkContext(sparkConf)
15          //3.设置日志级别
16          sc.setLogLevel("WARN")
17          //4.创建 StreamingContext
18          val ssc =new StreamingContext(sc, Seconds(5))
19          //5.设置 checkpoint
20          ssc.checkpoint("./Kafka_Receiver")
21          //6.定义 zk 地址
22          val zkQuorum ="hadoop01:2181,hadoop02:2181,hadoop03:2181"
23          //7.定义消费者组
24          val groupId ="spark_receiver"
25          //8.定义 topic 相关信息
26          //Map[String,Int]这里 value 不是 topic 分区数,而是 topic 中每个分区被 N 个线程消费
27          val topics =Map("kafka_spark" ->1)
28          //9.通过高级 api 方式将 kafka 跟 sparkStreaming 整合
```

```
29          val receiverDstream:immutable
30                  .IndexedSeq[ReceiverInputDStream[(String,String)]]
31              = (1 to 3).map(x=>{
32          val stream: ReceiverInputDStream[(String, String)]=KafkaUtils
33                      .createStream(ssc,zkQuorum,groupId,topics)
34          stream
35      })
36      //10.使用 ssc 中的 union 方法合并所有的 receiver 中的数据
37      val unionDStream: DStream[(String, String)]=ssc
38                                  .union(receiverDstream)
39      //11.SparkStreaming 获取 topic 中的数据
40      val topicData: DStream[String]=unionDStream.map(_._2)
41      //12.按空格切分每一行,并将切分的单词出现次数记录为 1
42      val wordAndOne: DStream[(String, Int)]=topicData
43                      .flatMap(_.split(" ")).map((_, 1))
44      //13.统计单词在全局中出现的次数
45      val result: DStream[(String, Int)]=wordAndOne.reduceByKey(_+_)
46      //14.打印输出结果
47      result.print()
48      //15.开启流式计算
49      ssc.start()
50      ssc.awaitTermination()
51    }
52  }
```

上述代码中,第 9～12 行代码创建 SparkConf 对象,用于配置 Spark 环境,开启预写日志;第 14 行代码创建 SparkContext 对象,用于操作 Spark 集群;第 16 行代码设置日志输出级别;第 18 行代码创建 StreamingContext 对象,用于创建 DStream 对象,通过 dstream 对象设置检查点;第 22～27 行代码指定 Zookeeper 的地址、指定 Kafka 消费者以及指定 Topic 的相关信息;第 29～35 行代码通过高级 API 方式将 Kafpa 与 SparkStreaming 进行整合;第 37～38 行代码通过 ssc 对象中的 union 方法将 receiver 中所有的数据进行合并;第 40 行代码通过 ssc 获取 Topic 中的数据;第 42～43 行代码通过 flatMap() 和 map() 方法按空格切分每一行内容,并将切分单词的出现次数记为 1;第 45 行代码通过 reduceByKey() 方法统计单词在全局出现的次数。

运行文件 7-7 中的代码后,依次在 hadoop01、hadoop02 和 hadoop03 服务器执行命令 zkServer. sh start 启动 Zookeeper 集群;然后依次在 hadoop01、hadoop02 和 hadoop03 服务器的 Kafka 根目录下执行命令 bin/kafka-server-start. sh config/server. properties 启动 Kafka 集群。

3. 创建 Topic,指定消息的类别

在使用 Kafka 发送消息和消费消息之前,必须先要创建 Topic,用来指定消息的类别。具体命令如下:

```
$kafka-topics.sh --create \
--topic kafka_spark \
```

```
--partitions 3 \
--replication-factor 1 \
--zookeeper hadoop01:2181,hadoop02:2181,hadoop03:2181
```

上述命令中,创建了一个名为 kafka_spark 的 Topic,并且设置分区数量为 3,备份数量为 1,指定了 Zookeeper 集群的地址。执行上述命令,具体内容如下:

```
[root@hadoop01~]#kafka-topics.sh --create --topic kafka_spark - partitions\
3 --replication-factor 1 --zookeeper hadoop01:2181,hadoop02:2181,hadoop03:2181
WARNING: Due to limitations in metric names, topics with a period ('.') or underscore ('_')
could collide. To avoid issues it is best to use either, but not both.
Created topic "kafka_spark".
```

从上述内容可以看出,名为 kafka_spark 的 Topic 已经创建完成。

4. 启动 Kafka 的消息生产者

启动 Kafka 的消息生产者,生产数据,具体命令如下:

```
$kafka-console-producer.sh \
--broker-list hadoop01:9092 \
--topic kafka_spark \
```

上述命令中,指定消息生产者为 hadoop01 服务器。执行上述命令,并且指定给 kafka_spark 这个 Topic 中发送消息。具体内容如下:

```
[root@hadoop01 servers]#kafka-console-producer.sh --broker-list hadoop01:9092
--topic kafka_spark
>hadoop spark hbase kafka spark
>kafka itcast itcast spark kafka spark kafka
```

打开 IDEA 工具,控制台输出的内容如图 7-13 所示。

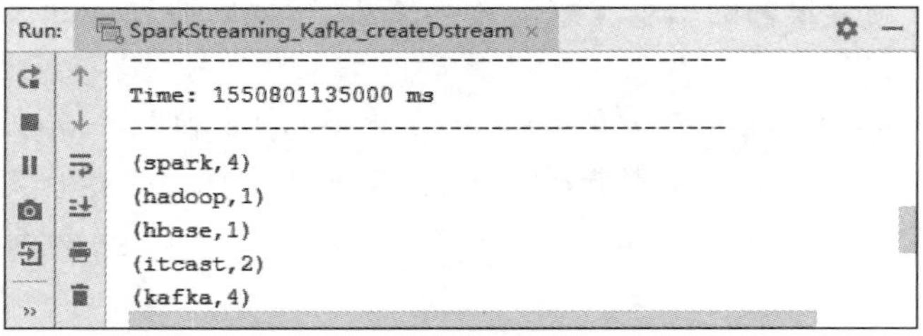

图 7-13　使用 KafkaUtils.createDstream 方式的控制台输出

从图 7-13 可以看出,使用 KafkaUtils.createDstream 方式实现了词频统计。

注意:如果我们使用 KafkaUtils.createDstream 方式时,一开始系统会正常运行,没有任何问题,但是当系统出现异常,重启 SparkStreaming 程序后,则发现程序会重复处理已经处理过的数据。由于这种方式是使用 Kafka 的高级消费者 API,topic 的 offset 偏移量是在

ZooKeeper 中。虽然这种方式会配合着 WAL 日志保证数据零丢失的高可靠性,但却无法保证数据只被处理一次,可能会处理两次。因此,官方已经不推荐使用这种方式,从而推荐使用 KafkaUtils.createDirectStream 方式。

7.4.2　KafkaUtils.createDirectStream 方式

由于 KafkaUtils.createDstream 方式有一个弊端,即无法保证数据只被处理一次,因此,接下来详细讲解官网推荐的方式,即 KafkaUtils.createDirectStream 方式。

KafkaUtils.createDirectStream 方式不同于 KafkaUtils.createDstream 方式,当接收数据时,它会定期地从 Kafka 中 Topic 对应 Partition 中查询最新的偏移量,再根据偏移量范围在每个 batch 里面处理数据,然后 Spark 通过调用 Kafka 简单的消费者 API(即低级 API)来读取一定范围的数据,具体处理流程如图 7-14 所示。

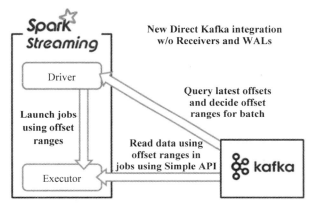

图 7-14　KafkaUtils.createDirectStream 方式处理流程

在图 7-14 中,当 Driver 处理 Spark Executors 中的 job 时,系统突然出现异常,重启 Spark Streaming 程序后,程序会重复处理已经处理过的数据,无法保证数据只被处理一次,此时,如果通过 Spark 中的 StreamingContext 对象将偏移量保存到 CheckPoint 中,就可以避免因 Spark Streaming 和 Zookeeper 不同步(即二者保存的偏移量不一致)导致的数据被多次处理的现象。

接下来,通过一个具体的案例来演示如何使用 KafkaUtils.createDirectStream 方式来实现词频统计,具体实现步骤如下。

1. 导入依赖

在 pom.xml 文件中添加 Spark Streaming 整合 Kafka 的依赖,具体方法同 KafkaUtils.createDStream 方式,这里不作赘述。

2. 创建 Scala 类,实现词频统计

在 spark_chapter07 项目的/src/main/scala/cn.itcast.dstream 目录下,创建一个名为 SparkStreaming_Kafka_createDirectStream 的 Scala 类,用来编写 Spark Streaming 应用程序实现词频统计。具体实现代码如文件 7-8 所示。

文件 7-8   SparkStreaming_Kafka_createDirectStream. scala

```scala
1    import kafka.serializer.StringDecoder
2    import org.apache.spark.streaming.dstream.{DStream, InputDStream}
3    import org.apache.spark.streaming.kafka.KafkaUtils
4    import org.apache.spark.streaming.{Seconds, StreamingContext}
5    import org.apache.spark.{SparkConf, SparkContext}
6    object SparkStreaming_Kafka_createDirectStream {
7        def main(args: Array[String]): Unit = {
8            //1.创建 sparkConf
9            val sparkConf: SparkConf = new SparkConf()
10                .setAppName("SparkStreaming_Kafka_createDirectStream")
11                .setMaster("local[2]")
12            //2.创建 sparkContext
13            val sc = new SparkContext(sparkConf)
14            //3.设置日志级别
15            sc.setLogLevel("WARN")
16            //4.创建 StreamingContext
17            val ssc = new StreamingContext(sc, Seconds(5))
18            //5.设置 checkPoint
19            ssc.checkpoint("./Kafka_Direct")
20            //6.配置 kafka 相关参数 (metadata.broker.list 为老版本 kafka 集群地址)
21            val kafkaParams = Map("metadata.broker.list" ->
22                                  "hadoop01:9092,hadoop02:9092,hadoop03:9092",
23                                  "group.id" -> "spark_direct")
24            //7.定义 topic
25            val topics = Set("kafka_direct0")
26            //8.通过低级 api 方式将 kafka 与 sparkStreaming 进行整合
27            val dstream: InputDStream[(String, String)] = KafkaUtils
28                .createDirectStream[String, String, StringDecoder, StringDecoder]
29                                                        (ssc, kafkaParams, topics)
30            val dstream: InputDStream[(String, String)] = KafkaUtils
31                .createDirectStream
32        [String, String, StringDecoder, StringDecoder](ssc, kafkaParams, topics)
33            //9.获取 kafka 中 topic 中的数据
34            val topicData: DStream[String] = dstream.map(_._2)
35            //10.按空格键切分每一行,并将切分的单词出现次数记录为 1
36            val wordAndOne: DStream[(String, Int)] = topicData
37                                            .flatMap(_.split(" ")).map((_, 1))
38            //11.统计单词在全局中出现的次数
39            val result: DStream[(String, Int)] = wordAndOne.reduceByKey(_+_)
40            //12.打印输出结果
41            result.print()
42            //13.开启流式计算
43            ssc.start()
44            ssc.awaitTermination()
45        }
46    }
```

上述代码中,第 9～11 行代码创建 SparkConf 对象,用于配置 Spark 环境;第 13 行代码创建 SparkContext 对象,用于操作 Spark 集群;第 15 行代码设置日志输出级别;第 17 行代码创建 StreamingContext 对象,用于创建 DStream 对象;第 19 行代码通过 ssc 对象设置检查点;第 21～25 行代码配置 Kafka 的相关参数;第 27～32 行代码通过低级 API 方式将 Kafka 与 Spark Streaming 进行整合;第 34 行代码获取 Kafka 中 Topic 的数据;第 36～37 行代码通过 flatMap() 和 map() 转换操作按空格切分每一行内容,并将切分单词的出现次数记为 1;第 39 行代码通过 reduceByKey 转换操作统计单词在全局出现的次数。

运行文件 7-8 中的代码后,依次在 hadoop01、hadoop02 和 hadoop03 服务器执行命令 zkServer.sh start 启动 Zookeeper 集群;然后依次在 hadoop01、hadoop02 和 hadoop03 服务器的 Kafka 根目录下执行命令 bin/kafka-server-start.sh config/server.properties 启动 Kafka 集群。

3. 创建 Topic,指定消息的类别

在使用 Kafka 发送消息和消费消息之前,必须先要创建 Topic,用来指定消息的类别。具体命令如下:

```
$ kafka-topics.sh --create \
--topic kafka_direct0 \
--partitions 3 \
--replication-factor 1 \
--zookeeper hadoop01:2181,hadoop02:2181,hadoop03:2181
```

在上述命令中,创建一个名为 kafka_direct0 的 Topic,并且设置分区数量为 3,备份数量为 1,指定了 Zookeeper 集群的地址。执行上述命令,具体效果如下:

```
[root@hadoop01~]#kafka-topics.sh --create --topic kafka_direct0 --partitions\
3 --replication-factor 1 --zookeeper hadoop01:2181,hadoop02:2181,hadoop03:2181
WARNING: Due to limitations in metric names, topics with a period ('.') or
underscore ('_') could collide. To avoid issues it is best to use either, but not both.
Created topic "kafka_direct0".
```

从上述内容可以看出,名为 kafka_direct0 的 Topic 已经创建完成。

4. 启动 Kafka 的消息生产者

启动 Kafka 的消息生产者,生产数据,具体命令如下:

```
$ kafka-console-producer.sh \
--broker-list hadoop01:9092 \
--topic kafka_direct0 \
```

上述命令中,指定消息生产者为 hadoop01 服务器。执行上述命令,并且指定给 kafka_direct0 这个 Topic 发送消息,即输入数据。具体内容如下:

```
[root@hadoop01 servers]#kafka-console-producer.sh --broker-list hadoop01:9092
--topic kafka_direct0
```

```
>hadoop spark hbase kafka spark
>kafka itcast itcast spark kafka spark kafka
```

打开 IDEA 工具,控制台输出的内容如图 7-15 所示。

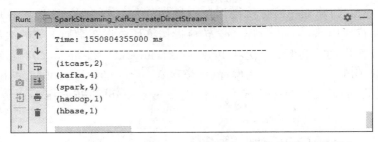

图 7-15   使用 **KafkaUtils. createDirectStream** 方式的控制台输出

从图 7-15 可以看出,使用 KafkaUtils. createDirectStream 方式实现了词频统计。

7.5   本章小结

Spark Streaming 是 Spark 生态系统中实现流计算功能的组件。本章主要介绍了 Spark Streaming 的相关知识,包括 Spark Streaming 的工作原理、DStream 的编程模型、DStream 的相关操作以及 Spark Streaming 和 Kafka 的整合。希望读者可以通过 Spark Streaming 与 Kafka 整合进行实时计算,解决实际业务中实时性要求高的问题。

7.6   课后习题

一、填空题

1. 目前,市场上常用的实时计算框架有 _____、Apache Storm、_____ 和 Yahoo! S4。

2. Spark Streaming 的特点有易用性、_____ 和 _____。

3. Spark Streaming 支持从多种数据源获取数据,包括 _____、_____、Twitter、ZeroMQ、_____、TCP Sockets 数据源。

4. Spark Streaming 提供了一个高级抽象的流,即 _____。

5. Spark Streaming 中对 DStream 的转换操作会转变成对 _____ 的转换操作。

二、判断题

1. Apache Spark Streaming 是 Apache 公司非开源的实时计算框架。   (　　)

2. DStream 的内部结构是由一系列连续的 RDD 组成,每个 RDD 都是一小段时间分隔开来的数据集。   (　　)

3. Spark Streaming 中,不可以通过 RDD 的转换算子生成新的 DStream。   (　　)

4. 在 Linux 系统下执行 nc－lk 9999 命令启动服务端且监听 socket 服务。   (　　)

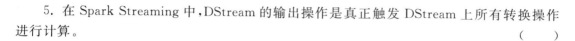

5. 在 Spark Streaming 中,DStream 的输出操作是真正触发 DStream 上所有转换操作进行计算。　　　　　　　　　　　　　　　　　　　　　　　　　　(　　)

三、选择题

1. 下列选项中,说法正确的是哪个? (　　　)

    A. 窗口滑动时间间隔必须是批处理时间间隔的倍数

    B. Kafka 是 Spark Streaming 的基础数据源

    C. DStream 不可以通过外部数据源获取

    D. reduce(func)是 DStream 的输出操作

2. 关于 Spark Streaming,下列说法错误的是哪一项? (　　　)

    A. Spark Streaming 是 Spark 的核心子框架之一

    B. Spark Streaming 具有可伸缩、高吞吐量、容错能力强等特点

    C. Spark Streaming 处理的数据源可以来自 Kafka

    D. Spark Streaming 不能和 Spark SQL、Mllib、GraphX 无缝集成

3. DStream 的转换操作方法中,哪个方法可以直接调用 RDD 上的操作方法? (　　　)

    A. transform(func)　　　　　　　　　　B. updateStateByKey(func)

    C. countByKey()　　　　　　　　　　　D. cogroup(otherStream,[numTasks])

四、简答题

1. 简述 Spark Streaming 的工作原理。

2. 简述 DStream 的编程模型。

五、编程题

编写 Spark Streaming 程序,实现词频统计的功能。

提示:利用 Spark Streaming 与 Kafka 的整合,通过 KafkaUtils. createDirectStream 方式来实现该功能。

第 8 章

Spark MLlib机器学习算法库

学习目标

- 了解什么是机器学习。
- 掌握机器学习的工作流程。
- 了解 Spark MLlib 的基本使用方法。
- 了解电影推荐系统的构建流程。

MLlib 是 Spark 提供的处理机器学习方面的功能库,该库包含了许多机器学习算法,开发者可以不需要深入了解机器学习算法就能开发出相关程序。本章介绍 Spark MLlib 基本知识以及使用方法,最后通过构建推荐引擎了解机器学习系统的构建思路及流程。

8.1 初识机器学习

8.1.1 什么是机器学习

随着互联网的高速发展,被收集并应用于分析的数据量呈现出爆发式增长,面对如此量级的数据,以及常见的实时利用该数据的需求,仅依靠人工处理难免力不从心,这就催生了所谓的大数据和机器学习系统。

机器学习是一门多领域的交叉学科,涉及概率论、统计学、逼近论、凸分析、算法复杂度理论等多门学科,专门研究计算机如何模拟或实现人类的学习行为,以获取新的知识或技能,重新组织已有的知识结构使之不断改善自身的性能。通俗地讲,传统计算机工作时需要接收指令,并按照指令逐步执行,最终得到计算结果;机器学习是通过某种算法,将历史数据进行训练得出某种模型,当有新的数据提供时,可以使用训练产生的模型对未来进行预测。

机器学习是一种能够赋予机器进行自主学习,不依靠人工进行自主判断的技术,它和人类对历史经验归纳的过程有着相似之处,接下来,通过图 8-1 对机器学习和人类思考过程进行对比。

在图 8-1 中,图 8-1(a)图是机器学习的过程,图 8-1(b)图则是人类思考的过程。人类在学习成长的过程中,积累了很多历史经验,将经验进行归纳总结,得到规律,因此当人类遇到一些问题时,总能从事物的发展规律找到方向,进行推测;而机器学习中的训练和预测过程可以近似看作人类的归纳和推测的过程。从图 8-1 中可以发现,机器学习思想并不复杂,仅仅是对人类学习成长过程的一个模拟,由于机器学习不是通过编程的形式得出结果,因此它的处理过程不是因果的逻辑,而是通过归纳思想得出相关结论。这也可以联想到人类为什

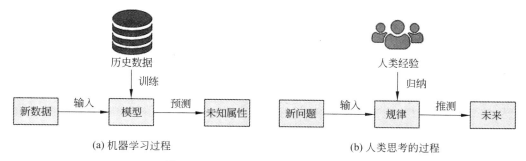

图 8-1　机器学习与人类思考过程对比

么要学习历史,历史实际上是人类对过往经验的总结,俗话说"历史总是惊人的相似",通过学习历史,可以从中归纳出事物发展的规律,从而指导今后的工作。

根据数据类型和需求的不同,建模方式也会不同。在机器学习领域中,按照学习方式分类,可以让研究人员在建模和算法选择的时候,根据输入数据来选择合适的算法,从而得到更好的效果,通常机器学习可以分为下面两类。

(1) 有监督学习。通过已有的训练样本(即已知数据以及其对应的输出)训练得到一个最优模型,再利用这个模型将所有的输入映射为相应的输出,对输出进行简单的判断从而实现分类的目的。如分类、回归和推荐算法都属于有监督学习。

(2) 无监督学习。针对类别未知(没有被标记)的训练样本,需要直接对数据进行建模,人们无法知道要预测的答案。如聚类、降维和文本处理的某些特征提取都属于无监督学习。

8.1.2　机器学习的应用

机器学习强调 3 个关键词:算法、经验和性能。在数据的基础上,通过算法构建出模型,然后用训练模型测试已有的数据集进行评估,如果评估达到要求,就将模型应用于生产环境中,如果该模型没有很好的表现,那么就需要重新调整算法参数,最终获得一个满意的模型来处理其他的数据。机器学习技术和方法已经被成功应用到多个领域,如个性化推荐系统、计算机视觉、语音识别、自然语言处理以及智能机器控制等领域。

机器学习是人工智能的核心,可以应用于各行各业,与人们的生活息息相关。以下是机器学习应用的常见领域。

1. 电子商务

机器学习在电商领域的应用主要涉及搜索、广告、推荐 3 个方面,在机器学习的参与下,搜索引擎能够更好地理解语义,对用户搜索的关键词进行匹配,同时它可以对点击率与转化率进行深度分析,更有利于用户选择符合自己需求的商品。

2. 医疗

普通医疗体系并不能永远保持精准且快速的诊断,在目前的研究阶段中,技术人员利用机器学习对上百万个病例数据库的医学影像进行图像识别及分析,并训练模型,帮助医生做出更为精准高效的诊断。

3．金融

机器学习正在对金融行业产生重大的影响，在金融领域最常见的应用是过程自动化，该技术可以替代体力劳动，从而提高生产力。摩根大通推出了利用自然语言处理技术的智能合同的解决方案，该解决方案可以从文件合同中提取重要数据，大大节省了人工体力劳动成本。机器学习还可以应用于风控领域，银行通过大数据技术，监控账户的交易参数，分析持卡人的用户行为，从而判断该持卡人的信用级别。

8.2　Spark 机器学习库 MLlib 的概述

MLlib 是 Spark 提供的可扩展的机器学习库，其特点是采用较为先进的迭代式、内存存储的分析计算，使得数据的计算处理速度大大高于普通的数据处理引擎。本节详细讲解 Spark MLlib。

8.2.1　MLlib 的简介

MLlib 采用 Scala 语言编写，借助了函数式编程设计思想，开发人员在开发的过程中只需要关注数据，而不需要关注算法本身，所有要做的就是传递参数和调试参数。MLlib 机器学习库还在不停地更新中，Apache 的相关研究人员也在不停地为 MLlib 库添加更多的机器学习算法，MLlib 的算法架构如图 8-2 所示。

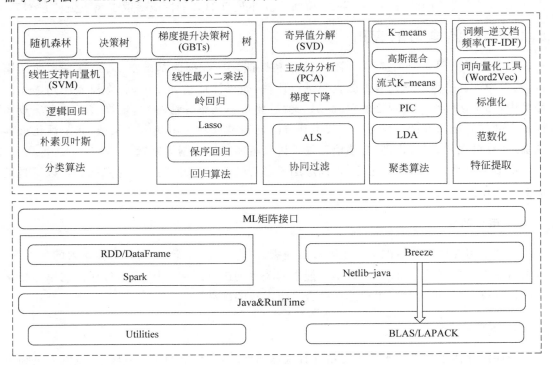

图 8-2　MLlib 的算法架构

在图 8-2 中,MLlib 主要包含两部分,分别是底层基础和算法库。其中,底层基础包括 Spark 的运行库、矩阵库和向量库,向量接口和矩阵接口是基于 Netlib 和 BLAS/LAPACK 开发的线性代数库 Breeze;算法库包括分类、回归、聚类、协同过滤、梯度下降和特征提取等算法。

8.2.2 Spark 机器学习工作流程

Spark 中的机器学习流程大致分为 3 个阶段,即数据准备阶段、训练模型评估阶段以及部署预测阶段。

1. 数据准备阶段

图 8-3 所示,在数据准备阶段,需要将数据收集系统采集的原始数据进行数据预处理,清洗后的数据便于提取特征字段与标签字段,从而生产机器学习所需的数据格式,然后将数据随机分为 3 个部分,即训练数据模块、验证数据模块和测试数据模块。

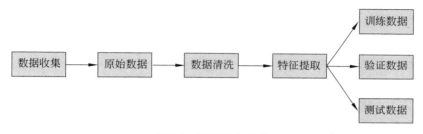

图 8-3 数据准备阶段

2. 训练模型评估阶段

图 8-4 所示,通过 Spark MLlib 库中的函数将训练数据转换为一种适合机器学习模型的表现形式,对于许多模型来说,可以将其理解为包含数值数据的向量或者矩阵。然后使用验证数据集对模型进行测试来判断准确率,这个过程需要重复许多次,才能得出最佳模型,最后使用测试数据集再次检验最佳模型,以避免过渡拟合的问题,如果训练评估阶段准确率很高,而使用测试数据阶段准确率低,就说明可能有过拟合的问题。

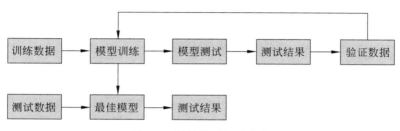

图 8-4 训练模型评估阶段

3．部署预测阶段

图 8-5 所示,通过多次训练测试得到最佳模型后,就可以部署到生产系统中,在该阶段的生产系统数据,经过特征提取产生数据特征,使用最佳模型进行预测,最终得到预测结果。这个过程也是重复检验最佳模型的阶段,可以使生产系统环境下的预测更加准确。

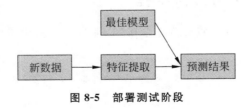

图 8-5　部署测试阶段

8.3 数据类型

MLlib 的主要数据类型包括本地向量、标注点、本地矩阵。本地向量与本地矩阵是提供公共接口的简单数据模型,Breeze 和 Jblas 提供了底层的线性代数运算。在监督学习中使用标注点类型表示训练样本。

8.3.1 本地向量

本地向量分为密集向量(Dense)和稀疏向量(Sparse),密集向量是由 Double 类型的数组支持,而稀疏向量是由两个并列的数组(索引、值)支持。例如,向量(1.0,0.0,3.0)的密集向量表示的格式为[1.0,0.0,3.0],由稀疏向量表示的格式为(3,[0,2],[1.0,3.0]),其中 3 是向量(1.0,0.0,3.0)的长度,[0,2]是向量中非 0 维度的索引值,即向量索引 0 和 2 的位置为非 0 元素,[1.0,3.0]是按照索引排列的数组元素值。

本地向量的基类是 Vector,MLlib 提供了 DenseVector 和 SparseVector 类,官方建议使用 Vectors 工具类下的工厂方法来创建本地向量,创建方式如下所示。

```
#导包
scala>import org.apache.spark.mllib.linalg.{Vector, Vectors}
#创建一个密集本地向量
scala>val dv:Vector =Vectors.dense(1.0,0.0,3.0)
dv: org.apache.spark.mllib.linalg.Vector =[1.0,0.0,3.0]
#创建一个稀疏本地向量
scala>val sv1: Vector =Vectors.sparse(3, Array(0, 2), Array(1.0, 3.0))
sv1: org.apache.spark.mllib.linalg.Vector = (3,[0,2],[1.0,3.0])
#通过指定非零项目,创建稀疏本地向量
scala>val sv2: Vector =Vectors.sparse(3, Seq((0, 1.0), (2, 3.0)))
sv2: org.apache.spark.mllib.linalg.Vector = (3,[0,2],[1.0,3.0])
```

需要说明的是,在 Scala 中,默认会导入 scala. collection. immutable. Vector 包,所以必须显式导入 org. apache. spark. mllib. linalg. Vector 才能使用 MLlib 提供的 Vector 类。

8.3.2　标注点

标注点是一种带有标签的本地向量,标注点通常用于监督学习算法中,MLlib 使用 Double 数据类型存储标签,因此可以在回归和分类中使用标记点。如果只有两种分类可以使用二分法,则正样本标签为 1.0,负样本标签为 0.0;对于多分类问题来说,标签是一个以 0 开始的索引序列,如 0,1,2…

标注点的实现类是 org. apache. spark. mllib. regression. LabeledPoint,创建标注点方式的代码如下。

```
#导包
scala>import org.apache.spark.mllib.linalg.Vectors
scala>import org.apache.spark.mllib.regression.LabeledPoint
#创建带有正标签和密集向量的标注点
scala>val pos =LabeledPoint(1.0, Vectors.dense(1.0, 0.0, 3.0))
pos: org.apache.spark.mllib.regression.LabeledPoint = (1.0,[1.0,0.0,3.0])
#创建带有负标签和稀疏向量的标注点
scala>val neg =LabeledPoint(0.0, Vectors.sparse(3, Array(0, 2), Array(1.0, 3.0)))
neg: org.apache.spark.mllib.regression.LabeledPoint = (0.0,(3,[0,2],[1.0,3.0]))
```

稀疏向量数据在机器学习应用中较为常见,MLlib 支持读取 LIBSVM 的格式数据,LIBSVM 格式是一种每一行表示一个标签稀疏向量的文本格式,其格式如下:

```
label index1:value1 index2:value2……
```

上述格式中,label 是该样本点的标签值,index：value 代表了该样本向量中所有非零的索引和元素值,需要注意的是,index 是以 1 递增的。

8.3.3　本地矩阵

本地矩阵具有整型的行和列索引值以及 Double 类型的元素值,它存储在单个机器上。MLlib 支持密集矩阵和稀疏矩阵,密集矩阵将所有元素的值存储在一个列优先的双精度数组中,而稀疏矩阵则将以列优先的非零元素压缩到稀疏列(CSC)格式中。

本地矩阵的基类是 Matrix,DenseMatrix 和 SparseMatrix 均是 Matrix 的继承类。创建本地矩阵方式的代码如下。

```
#导包
scala>import org.apache.spark.mllib.linalg.{Matrix, Matrices}
#创建一个 3 行 2 列的密集矩阵
scala>val dm: Matrix =Matrices.dense(3, 2,Array(1.0, 3.0, 5.0, 2.0, 4.0, 6.0))
dm: org.apache.spark.mllib.linalg.Matrix =
1.0  2.0
3.0  4.0
5.0  6.0
#创建一个 3 行 2 列的稀疏矩阵
scala>val sm: Matrix =Matrices.sparse(3, 2, Array(0, 1, 3), Array(0, 2, 1), Array(9, 6, 8))
```

```
sm: org.apache.spark.mllib.linalg.Matrix =
3 x 2 CSCMatrix
(0,0)   9.0
(2,1)   6.0
(1,1)   8.0
```

上述是创建本地矩阵的方式,需要注意的是,这里的数组参数是列优先的,即按照列的方式从数组中提取元素。

8.4   Spark MLlib 基本统计

MLlib 提供了很多统计方法,包含摘要统计、相关统计、分层抽样、假设检验、随机数生成等统计方法,利用这些统计方法可以帮助用户更好地对结果数据进行处理和分析。

8.4.1   摘要统计

在 MLlib 中,统计量的计算主要用到 Statistics 类,摘要统计主要方法及相关说明如表 8-1 所示。

表 8-1   分类和回归算法

方 法 名 称	相 关 说 明	方 法 名 称	相 关 说 明
count()	列的大小	max()	每列的最大值
mean()	每列的均值	min()	每列的最小值
variance()	每列的方差	numNonzeros()	每列非零向量的个数

接下来,使用 Spark-Shell 演示摘要统计方法,代码如下。

```
#导包
scala>import org.apache.spark.mllib.linalg.Vectors
scala>import org.apache.spark.mllib.stat.
                    {MultivariateStatisticalSummary, Statistics}
#创建密集矩阵
scala>val observations =sc.parallelize(
    Seq(
        Vectors.dense(1.0, 10.0, 100.0),
        Vectors.dense(2.0, 20.0, 200.0),
        Vectors.dense(3.0, 30.0, 300.0)
    )
)
#计算列摘要统计信息
scala>val summary: MultivariateStatisticalSummary =Statistics.colStats(observations)
#打印平均值
scala>println(summary.mean)
```

```
[2.0,20.0,200.0]
#打印方差
scala>println(summary.variance)
[1.0,100.0,10000.0]
#打印每列非零元素的个数
scala>println(summary.numNonzeros)
[3.0,3.0,3.0]
```

上述代码中,调用 Statistics 类的 colStats()方法,可以获得 RDD[Vector]列的摘要统计。colStats()方法返回了一个实例 MultivariateStatisticalSummary 对象,该对象包含了列的最大值、最小值、平均值、方差、非零元素的数量以及总数。

8.4.2　相关统计

相关系数是反应两个变量之间相关关系密切程度的统计指标,也是统计学中常用的统计方式,MLlib 提供了计算多个序列之间相关系数的方法,目前 MLlib 默认采用皮尔森相关系数计算方法。

皮尔森相关系数(Pearson Correlation Coefficient)也称皮尔森积矩相关系数(Pearson Product-Moment Correlation Coefficient),它是一种线性相关系数,计算公式如下:

$$r = \frac{1}{n-1} \sum_{i=1}^{n} \left(\frac{X_i - \overline{X}}{\sigma_X} \right) \left(\frac{Y_i - \overline{Y}}{\sigma_Y} \right)$$

关于上述公式符号的相关介绍如下:

(1) r 表示相关系数,它描述的是变量间线性相关强弱的程度,取值范围介于-1 到 1 之间;若 $r>0$,表明两个变量是正相关,即一个变量的值越大,另一个变量的值也会越大;若 $r<0$,表明两个变量是负相关,即一个变量的值越大另一个变量的值反而会越小。r 的绝对值越大表明相关性越强,需要注意的是这里并不存在因果关系。若 $r=0$,表明两个变量间不是线性相关,但有可能是其他方式的相关(比如曲线方式);

(2) n 表示样本量,分别为两个变量的观测值和均值;

(3) $\overline{X}$ 和 σ_X 分别为样本平均值和样本标准差。

Statistics 提供了计算序列之间相关性的方法,接下来,通过 Spark Shell 演示相关统计方法,具体代码如下。

```
#导包
scala>import org.apache.spark.mllib.linalg._
scala>import org.apache.spark.mllib.stat.Statistics
scala>import org.apache.spark.rdd.RDD
#创建序列
scala>val seriesX: RDD[Double] =sc.parallelize(Array(1, 2, 3, 3, 5))
scala>val seriesY: RDD[Double] =sc.parallelize(Array(11, 22, 33, 33, 555))
#计算 seriesX,seriesY 的相关系数
scala>val correlation: Double =Statistics.corr(seriesX, seriesY, "pearson")
```

```
#打印数据
scala>println(s"Correlation is: $correlation")
Correlation is: 0.8500286768773001
#利用皮尔森方法计算密集矩阵相关系数
scala>val data: RDD[Vector] =sc.parallelize(
    Seq(
        Vectors.dense(1.0, 10.0, 100.0),
        Vectors.dense(2.0, 20.0, 200.0),
        Vectors.dense(5.0, 33.0, 366.0))
)
scala>val correlMatrix: Matrix =Statistics.corr(data, "pearson")
scala>println(correlMatrix.toString)
1.0                   0.9788834658894731    0.9903895695275673
0.9788834658894731    1.0                   0.9977483233986101
0.9903895695275673    0.9977483233986101    1.0
```

在上述代码中,通过 Statistics. corr(data,"pearson")方法选择使用皮尔森相关系数算法获得数据的相关系数,但在 MLlib 中,还提供了斯皮尔曼等级相关系数方法,只需要在corr()方法中标注 spearman 参数即可。

8.4.3 分层抽样

分层抽样法也叫类型抽样法,它是先将总体样本按照某种特征分为若干次级(层),然后再从每一层内进行独立取样,组成一个样本的统计学计算方法。例如,某手机生产厂家估算当地潜在用户,可以将当地居民消费水平作为分层基础,减少样本中的误差,如果不采取分层抽样,仅在消费水平较高的用户中做调查,就不能准确地估算出潜在的用户。接下来,通过 Spark-Shell 演示分层抽样方法,具体代码如下。

```
#创建键值对 RDD
scala>val data =sc.parallelize(
        Seq((1, 'a'), (1, 'b'), (2, 'c'), (2, 'd'), (2, 'e'), (3, 'f')))
#设定抽样格式
scala>val fractions =Map(1 ->0.1, 2 ->0.6, 3 ->0.3)
#从每层获取抽样样本
scala>val approxSample =
        data.sampleByKey(withReplacement =false, fractions =fractions)
#从每层获取精确样本
scala>val exactSample =
    data.sampleByKeyExact(withReplacement =false, fractions =fractions)
#打印抽样样本
scala>approxSample.foreach(println)
(2,e)
#打印精确样本
scala>exactSample.foreach(println)
(2,d)
(3,f)
(1,b)
(2,c)
```

在上述代码中,用到了两种分层抽样方法,其中 sampleByKey() 方法需要作用于一个键值对数组,其中 Key 用于分类,Value 可以是任意值,然后通过 fractions 参数定义分类条件和采样概率,fractions 参数被定义成一个 Map 类型,Key 是键值对数组的分层条件,Value 是满足 Key 条件的采样比例,1.0 代表概率为 100%,withReplacement 代表每次抽样是否有放回。

sampleByKeyExtra() 方法会对全量数据做采样计算。对于每个类别,都会产生(fk·nk)个样本,其中 fk 是键为 fractions 的 Key 的样本类别采样的比例;nk 是 Key 所拥有的样本数。sampleByKeyExtra 采样的结果会更准确,有 99.99% 的置信度,但耗费的计算资源也更多。

sampleByKey() 方法和 sampleByKeyExact() 方法的区别在于 sampleByKey() 方法每次都得通过给定的概率以一种类似于掷硬币的方式来决定这个观察值是否被放入样本,因此一遍就可以过滤完所有数据,最后得到一个近似大小的样本,但往往并不够准确。

8.5　分类

MLlib 支持多种分类分析方法,如二元分类、多元分类,表 8-2 列出了不同种类的问题可以采用不同的分类算法。

表 8-2　分类和回归算法

分 析 方 法	相 关 算 法
二元分类	线性支持向量机、逻辑回归、决策树、随机森林、梯度提升树、朴素贝叶斯
多元分类	逻辑回归、决策树、随机森林、朴素贝叶斯

分类通常是指将事物分成不同的类别,在分类模型中,可以根据一组特征来判断类别,这些特征代表了物体、事物或上下文的相关属性。分类算法又被称为分类器,它是数据挖掘和机器学习领域中的一个重要分支,它属于有监督学习的一种形式,用带有类标记或者类输出的训练样本来训练模型。要想评价一个分类器的好坏,就要有评价指标,最常见的就是准确率,准确率是指被分类器分类正确的数据的数量占所有数据数量的百分比。如在人脸识别中,最简单的是将每一个像素进行分类,在自然场景下进行分割,可以从每个像素点判断是不是人类面部的一部分,如果是,则该像素点的标签为人类面部。

本节主要介绍 Spark MLlib 的两种线性分类方法:线性支持向量机(SVM)和逻辑回归。

8.5.1　线性支持向量机

线性支持向量机在机器学习领域中是一种常见的判别方法,是一个有监督学习模型,通常用来进行模式识别、分类以及回归分析。关于 SVM 有着大量理论支撑,本书不做讨论,接下来,使用 MLlib 提供的线性支持向量机算法训练模型,具体代码如下。

```
1   #导入线性支持向量机所需包
2   scala>import org.apache.spark.mllib.classification
```

```
3                                                  .{SVMModel, SVMWithSGD}
4   #导入二元分类评估类
5   scala>import org.apache.spark.mllib.evaluation
6                                                  .BinaryClassificationMetrics
7   #MLUtils 提供了一些辅助方法,用于加载,保存和预处理 MLLib 中使用的数据
8   scala>import org.apache.spark.mllib.util.MLUtils
9   #加载 Spark 官方提供数据集
10  scala>val data =MLUtils.loadLibSVMFile(sc,
11      "file:///export/servers/spark/data/mllib/sample_libsvm_data.txt")
12  #将数据的 60%分为训练数据,40%分为测试数据
13  scala>val splits =data.randomSplit(Array(0.6, 0.4), seed =11L)
14  scala>val training =splits(0).cache()
15  scala>val test =splits(1)
16  #设置迭代次数
17  scala>val numIterations =100
18  #执行算法来构建模型
19  scala>val model =SVMWithSGD.train(training, numIterations)
20  #用测试数据评估模型
21  scala>val scoreAndLabels =test.map { point =>
22      val score =model.predict(point.features)
23      (score, point.label)
24  }
25  #获取评估指标
26  scala>val metrics =new BinaryClassificationMetrics(scoreAndLabels)
27  #计算二元分类的 PR 和 ROC 曲线下的面积
28  scala>val auROC =metrics.areaUnderROC()
29  auROC: Double =1.0
30  #保存并加载模型
31  scala>model.save(sc, "target/tmp/scalaSVMWithSGDModel")
32  scala>val sameModel =
33  SVMModel.load(sc,"target/tmp/scalaSVMWithSGDModel")
```

上述代码中将数据文件分为两份,其中,60%的数据为训练模型数据,40%的数据为测试数据,用来评估创建的模型。第 19 行代码调用 SVMWithSGD.train()方法构建训练模型。为了检验分类器的好坏程度,可以利用 MLlib 提供的二元分类评估类计算 ROC 面积,ROC 曲线是对分类器的真假阳性率图形化的解释,ROC 下的面积(通常称为 AUC)表示平均值,当 AUC 为 1.0 时,表示是一个完美的分类器,当 AUC 为 0.5 时,表示该模型和随机预测效果一样,没有必要使用。

评估模型完成后,还可以使用 save()方法将模型保存至 HDFS 目录中,下次只需调用 load()方法即可加载该模型。

8.5.2　逻辑回归

逻辑回归又称为逻辑回归分析,它是一个概率模型的分类算法,常用于数据挖掘、疾病自动诊断以及经济预测等领域。如在流行病学研究中,探索引发某一疾病的危险因素,根据模型预测在不同的自变量(年龄、性别、饮食习惯、幽门螺杆菌感染等)情况下,推测发生某一疾病的概率。

　　Spark MLlib 提供了逻辑回归算法,下面具体演示如何加载数据并执行训练模型方法,具体代码如下。

```
1   #导入逻辑回归所需包
2   scala>import org.apache.spark.mllib.classification
3                .{LogisticRegressionModel, LogisticRegressionWithLBFGS}
4   #导入分类评估器
5   scala>import org.apache.spark.mllib.evaluation.MulticlassMetrics
6   scala>import org.apache.spark.mllib.regression.LabeledPoint
7   scala>import org.apache.spark.mllib.util.MLUtils
8   //加载 Spark 官方提供数据集
9   scala>val data =MLUtils.loadLibSVMFile(sc,
10       "file:///export/servers/spark/data/mllib/sample_libsvm_data.txt")
11  #将数据的 60%分为训练数据,40%分为测试数据
12  scala>val splits =data.randomSplit(Array(0.6, 0.4), seed =11L)
13  scala>val training =splits(0).cache()
14  scala>val test =splits(1)
15  #运行训练算法来构建模型
16  scala>val model =new LogisticRegressionWithLBFGS()
17                  .setNumClasses(10)
18                  .run(training)
19  #用测试数据评估模型
20  scala>val predictionAndLabels =test.map {
21      case LabeledPoint(label, features) =>
22      val prediction =model.predict(features)
23      (prediction, label)
24  }
25  #获取评估指标
26  scala>val metrics =new MulticlassMetrics(predictionAndLabels)
27  scala>val accuracy =metrics.accuracy
28  accuracy: Double =1.0
29  #保存并加载模型
30  model.save(sc, "target/tmp/scalaLogisticRegressionWithLBFGSModel")
31  val sameModel =LogisticRegressionModel
32              .load(sc,"target/tmp/scalaLogisticRegressionWithLBFGSModel")
```

　　评估模型的性能不仅仅只有通过 ROC 曲线一种方法,通常在二元分类中使用的评估方法有预测正确率和错误率、准确率和召回率等。准确率通常用于评估结果的质量,召回率用来评估结果的完整性。在二元分类问题中,准确率定义为真阳性数据个数除以真阳性和假阳性的数据总数,其中真阳性是指被正确预测的类别为 1 的样本,假阳性是错误预测为类别 1 的样本。如果每个数据被分类器预测为 1 的样本,那么准确率即为 1.0。

8.6　案例——构建推荐系统

　　随着电子商务规模的不断扩大,商品个数和种类快速增长,顾客需要花费大量的时间才能找到自己想买的商品,这样就会造成消费者花费很长时间搜索商品,从而造成用户体验下降。为了解决这些问题,个性化推荐系统应运而生。个性化推荐系统是建立在海量数据

挖掘基础上的一种高级商务智能平台,为顾客购物提供完全个性化的决策支持和信息服务。

8.6.1　推荐模型分类

推荐系统的研究已经相当广泛,也是最为大众所知的一种机器学习模型,目前最为流行的推荐系统所应用的算法是协同过滤(Collaborative Filtering),协同过滤通常用于推荐系统,这项技术填补了关联矩阵的缺失项,从而实现推荐效果。简单地说,协同过滤是利用大量已有的用户偏好,来估计用户对其未接触过的物品的喜好程度。

在协同过滤算法中有两个分支:基于群体用户的协同过滤(UserCF)和基于物品的协同过滤(ItemCF)。

1. 基于物品的推荐(ItemCF)

基于物品的推荐是利用现有用户对物品的偏好或是评级情况,计算物品之间的某种相似度,以用户接触过的物品来表示这个用户,然后寻找出和这些物品相似的物品,并将这些物品推荐给用户。

2. 基于用户的推荐(UserCF)

基于用户的推荐,可以用“志趣相投”一词来表示,通常是对用户的历史行为的数据分析,如购买、收藏的商品,评论内容或搜索内容,通过某种算法将用户喜好的物品进行打分。根据不同用户对相同物品或内容数据的态度和偏好程度来计算用户之间的关系程度,在有相同喜好的用户之间进行商品推荐。

8.6.2　利用 MLlib 实现电影推荐

在电影推荐系统中,通常分为针对用户推荐电影和针对电影推荐用户两种方式。具体实现方式取决于采用的推荐模型,若采用基于用户的推荐模型,则会利用相似用户的评级来计算对某个用户的推荐。若采用基于物品的推荐模型,则会依靠用户接触过的物品与候选物品之间的相似度来获得推荐。

Spark MLlib 实现了交替最小二乘(ALS)算法,它是机器学习的协同过滤式推荐算法,机器学习的协同过滤式推荐算法是通过观察所有用户给产品的评分来推断每个用户的喜好,并向用户推荐合适的产品。

接下来分步骤讲解利用 Spark MLlib 实现电影推荐案例的核心过程。

1. 准备训练模型数据

MovieLens 是历史最悠久的推荐系统,它由明尼苏达大学计算机科学与工程学院的 GroupLens 项目组创办,是一个以研究为目的、非商业性质的实验性站点,读者可以从该网站中下载实验数据进行学习,网站地址为 https://grouplens.org/datasets/movielens/,下载 ml-100k.zip 解压包。具体如图 8-6 所示。也可以直接在 Linux 系统上输入以下命令下载文件,具体命令如下。

图 8-6　下载实验数据

```
$wget http://files.grouplens.org/datasets/movielens/ml-100k.zip
```

　　实验数据文件下载完成后，将其进行解压，若没有安装解压命令，则在解压实验数据文件之前，需执行 yum install unzip 命令安装解压命令，然后再执行解压命令解压实验数据文件，命令如下。

```
$yum install unzip
$unzip -j ml-100k
```

　　最终将解压文件上传到 HDFS 中的/spark/mldata 路径下，效果如图 8-7 所示。

图 8-7　上传至 HDFS

在本案例中,主要用到 u.data 文件(用户评分数据)以及 u.item 文件(电影数据),数据片段分别如图 8-8 和图 8-9 所示。

文件 u.data 中,共有 4 个字段,每列字段表示用户 id、电影 id、等级评价和时间戳。

图 8-8　u.data 文件

C:\Users\admin\Desktop\ml-100k\u.item - Notepad++ [Administrator]

文件(F) 编辑(E) 搜索(S) 视图(V) 编码(N) 语言(L) 设置(T) 工具(O) 宏(M) 运行(R) 插件(P) 窗口(W) ?

u.item

```
1  1|Toy Story (1995)|01-Jan-1995||http://us.imdb.com/M/title-exact?Toy%20Story%20(1995)|0|0|0|1|1|1|0|0|0|0|0|0|0|0|0|0|0|0|0
2  2|GoldenEye (1995)|01-Jan-1995||http://us.imdb.com/M/title-exact?GoldenEye%20(1995)|0|1|1|0|0|0|0|0|0|0|0|0|0|0|0|0|0|1|0
3  3|Four Rooms (1995)|01-Jan-1995||http://us.imdb.com/M/title-exact?Four%20Rooms%20(1995)|0|0|0|0|0|0|0|0|0|0|0|0|0|0|0|0|0|1|0
4  4|Get Shorty (1995)|01-Jan-1995||http://us.imdb.com/M/title-exact?Get%20Shorty%20(1995)|0|1|0|1|0|1|0|0|1|0|0|0|0|0|0|0|0|0|0
5  5|Copycat (1995)|01-Jan-1995||http://us.imdb.com/M/title-exact?Copycat%20(1995)|0|0|0|0|0|0|1|0|1|0|0|0|0|0|0|0|1|0|0
6  6|Shanghai Triad (Yao a yao yao dao waipo qiao) (1995)|01-Jan-1995||http://us.imdb.com/Title?Yao+a+yao+yao+dao+waipo+qiao+(1995)|
7  7|Twelve Monkeys (1995)|01-Jan-1995||http://us.imdb.com/M/title-exact?Twelve%20Monkeys%20(1995)|0|0|0|0|0|0|0|0|1|0|0|0|0|0|0|1|0|0
```

Normal text file　　length : 236,344　lines : 1,683　Ln : 1　Col : 1　Sel : 0 | 0　　Unix (LF)　ANSI　INS

图 8-9　u.item 文件

文件 u.item 中,具有多个字段,本案例主要使用第一列电影 id、第二列电影名称,后续将针对该文本进行字符串处理。

2. 编写程序,训练模型

采用 Spark-Shell 读取 u.data 数据文件,将其转换为 RDD,执行命令如下。

```
$ spark-shell --master local[2]
#读取文件转换 RDD
scala>val dataRdd = sc.textFile("/spark/mldata/ml-100k/u.data")
#输出 RDD 第一行数据
scala>dataRdd.first()
res0: String = 196    242    3    881250949
```

从上一步已经得知,该数据是由用户 id、电影 id、等级评价和时间戳依次组成,在训练模型时,可以去除时间戳字段,使用 take()方法提取前 3 个字段即可,具体代码如下。

```
scala>val dataRdds = dataRdd.map(_.split("\t").take(3))
scala>dataRdds.first()
res1: Array[String] = Array(196, 242, 3)
```

根据图 8-9 的 u. data 文件内容可知,使用\t 进行分隔,可返回一个 Array[String]类型的 RDD,分别对应用户 id、影片 id 以及等级。至此就有了 dataRdds 数据集,可以使用 first()函数查看第一行数据。

下面就可以使用 Spark MLlib 训练模型了,首先导入 MLlib 实现的 ALS 算法模型库。

```
scala>import org.apache.spark.mllib.recommendation.ALS
```

在 ALS 库中,可以通过调用 train()函数来训练模型,具体代码如下。

```
def train(
    ratings: RDD[Rating],
    rank: Int,
    iterations: Int,
    lambda: Double
    ): MatrixFactorizationModel
```

上述代码中,train()函数需要提供 4 个参数,如表 8-3 所示。

表 8-3　ALS. train 命令参数说明

参数名称	相 关 说 明
ratings	训练的数据格式是 Rating(UserID,productID,rating)的 RDD
rank	对应 ALS 模型中的因子个数,也就是在低阶近似矩阵中的隐含特征个数,因子个数一般越多越好,但是也会加大内存开销,通常取值为 10～200
iterations	对应运算时的迭代次数,减少评级矩阵的重建误差,默认值为 5,大部分情况下设置 10 次左右
lambda	该参数控制模型的正则化过程,从而控制模型的拟合程度。值越高,正则化越严厉,该参数的值与实际数据的大小、特征和稀疏程度有关,默认值 0.01

训练模型需要 Rating 格式的数据,可以将 dataRdds 使用 map()方法进行转换,得到 Rating 格式数据,传入到 train()函数,具体代码如下。

```
#导入 Rating 包
scala>import org.apache.spark.mllib.recommendation.Rating
scala>val ratings =dataRdds.map { case Array(user,movie,rating) =>
                  Rating(user.toInt,movie.toInt,rating.toDouble)}
scala>ratings.first()
res6: org.apache.spark.mllib.recommendation.Rating =Rating(196,242,3.0)
```

需要注意的是,使用 case 语句来提取各属性对应的变量名,dataRdds 是从 u. data 文本文件中转换的数据,因此需要把 String 类型转换成对应的数据类型,提取简单特征后,就可以调用 train()函数训练模型,代码如下。

```
scala>val model =ALS.train(ratings,50,10,0.01)
model: org.apache.spark.mllib.recommendation.MatrixFactorizationModel =
org.apache.spark.mllib.recommendation.MatrixFactorizationModel@ 6580f76c
```

调用 ALS. train 训练数据集后,就会创建推荐引擎模型 MatrixFactorizationModel(矩阵分解)对象,该对象成员如表 8-4 所示。

表 8-4　MatrixFactorizationModel 对象

对 象 成 员	相 关 说 明
predict(user：Int, product：Int)：Double	计算给定用户和物品的预期得分
productFeatures：RDD[(Int, Array[Double])]	分解后的物品矩阵
rank：Int	分解后的参数
userFeatures：RDD[(Int, Array[Double])]	分解后的产品矩阵

表 8-4 中,predict()函数以(user,product)作为输入参数,该函数将为每一对生成相应的预测得分,具体代码如下。

```
scala>val predictedRating =model.predict(100,200)
predictedRating: Double =1.1136730131397399
```

从上述执行结果可以看出,该模型预测用户 id=100 对电影 id=200 的评级约为 1.11。需要注意的是,ALS 模型的初始化过程根据硬件环境以及参数等因素会造成不同的结果。

3．为用户推荐多个电影

如果要为某个用户推荐多个物品,可以调用 MatrixFactorizationModel 对象所提供的 recommendProducts(user：Int,num：Int)函数来实现,返回值即为预测得分最高的前 num 个物品,具体代码如下。

```
#定义用户 id
scala>val userid =100
#定义推荐数量
scala>val num =10
scala>val topRecoPro =model.recommendProducts(userid,num)
topRecoPro: Array[org.apache.spark.mllib.recommendation.Rating] =Array(
Rating(100,207,5.704436943409341),
Rating(100,845,4.957373351732721),
Rating(100,489,4.955561012970148),
Rating(100,242,4.930681946988706),
Rating(100,315,4.927258436518516),
Rating(100,316,4.905582861372857),
Rating(100,313,4.8170984786843265),
Rating(100,12,4.795107793201218),
Rating(100,451,4.760165688538673),
Rating(100,485,4.7560380607401))
```

从上述代码可以看出,使用训练完成的模型进行推荐,传入参数(user=100,num=10),返回结果是一个 Rating 数据类型的数组,其中参数分别表示用户 id(user)、推荐电影 id(product)、算法得出的评分(rating),其中评分越高,代表推荐引擎优先推荐这件物品。

Rating(100,207,5.704436943409341)数据表示针对 id＝100 的用户,预测对 id＝207 的电影,评级为 5.70 分。

为了更直观地检测推荐效果,可以将 u.item 文件中的电影 id 与电影名称进行映射,因此首先读取 u.item 文件并转换为 RDD。具体代码如下。

```scala
scala>val moviesRdd = sc.textFile("/spark/mldata/ml-100k/u.item")
```

根据图 8-9 中 u.item 文件的数据格式进行分析,可以通过"|"字符分隔,使用 map()函数针对每一项数据进行转换,提取前两个数据,并将电影 id、电影名称产生映射关系。具体代码如下。

```scala
val titles = moviesRdd.map(line =>line.split("\\|").take(2)).map(array
=> (array(0).toInt,array(1))).collectAsMap()
```

对于 100 个用户,可以通过 Rating 对象的 rating 属性来对推荐的电影名称进行匹配,具体代码如下。

```scala
scala>topRecoPro.map(rating =>
          (titles(rating.product),rating.rating)).foreach(println)
(Cyrano de Bergerac (1990),5.704436943409341)
(That Thing You Do! (1996),4.957373351732721)
(Notorious (1946),4.955561012970148)
(Kolya (1996),4.930681946988706)
(Apt Pupil (1998),4.927258436518516)
(As Good As It Gets (1997),4.905582861372857)
(Titanic (1997),4.8170984786843265)
(Usual Suspects, The (1995),4.795107793201218)
(Grease (1978),4.760165688538673)
(My Fair Lady (1964),4.7560380607401)
```

至此,根据用户推荐电影的功能实现完成。

4. 将物品推荐给用户

如果要为某个物品推荐多个用户时,可以调用 MatrixFactorizationModel 对象所提供的 recommendUsers(product：Int,num：Int)函数来实现,其中 product 参数代表被推荐的物品 id,num 为推荐物品的数量,最终返回值为针对这件物品可能感兴趣的 num 名用户,具体代码如下。

```scala
scala>model.recommendUsers(100,5)
res1: Array[org.apache.spark.mllib.recommendation.Rating] =Array(
Rating(495,100,6.541442448267074),
Rating(30,100,6.538178750321883),
Rating(272,100,6.398878858473),
Rating(8,100,6.372883993450857),
Rating(68,100,6.37055453407313))
```

通过上述返回结果看出，编号为 100 的电影推荐给用户编号为 495、30、272、8 和 68 这 5 位用户，至此，基于物品推荐电影的功能实现完成。

8.7　本章小结

本章主要介绍了什么是 Spark MLlib，它是 Spark 机器学习仓库，整合了统计、分类、回归、过滤等主流的机器学习算法，并且提供了丰富的 API，降低了用户使用复杂算法的门槛。通过本章的学习，读者能够了解机器学习的基本知识，以及利用 Spark MLlib 构建简单的机器学习模型。本章的重点内容是利用 MLlib 实现电影推荐系统，来了解构建机器学习的流程。

8.8　课后习题

一、填空题

1. 机器学习是一门多领域交叉学科，涉及_____、统计学、逼近论、凸分析、_____等多门学科。

2. 通常，机器学习的学习形式分类有_____和_____。

3. MLlib 库中包含了一些通用的机器学习算法和工具类，包括分类、_____、聚类、_____等。

4. MLlib 库的主要数据类型包括_____、标注点、_____。

5. 目前，MLlib 库默认采用_____计算方法。

二、判断题

1. 机器学习中的训练和预测过程可以看作人类的归纳和推测的过程。　　　（　　）

2. 本地向量分为密集向量和稀疏向量，密集向量是由两个并列的数组（索引、值）支持，而稀疏向量是由 Double 类型的数组支持。　　　（　　）

3. 标注点是一种带有标签的本地向量，通常用于无监督学习算法中。　　　（　　）

4. 逻辑回归又称为逻辑回归分析，是一种狭义的线性回归分析模型。　　　（　　）

5. 目前，最为流行的推荐系统所应用的算法是协同过滤，协同过滤通常用于推荐系统，这项技术是为了填补关联矩阵的缺失项，从而实现推荐效果。　　　（　　）

三、选择题

1. 下列选项中，对于机器学习的理解错误的是哪一项？（　　）

　　A. 机器学习是一种让计算机利用数据来进行各种工作的方法

　　B. 机器学习是研究如何使用机器人来模拟人类学习活动的一门学科

　　C. 机器学习是一种使用计算机指令来进行各种工作的方法

　　D. 机器学习就是让机器能像人一样有学习、理解、认识的能力

2. 下列选项中，哪一项是不属于监督学习的方法？（　　）

　　A. KMeans　　　　　B. 线性回归　　　　C. SVM　　　　　　D. 朴素贝叶斯

3. 下列选项中,哪一项是最常见的评价分类器好坏的指标。(　　　)

　　A. 准确率(auc)　　　　　　　　　　B. 精确度(precision)

　　C. 召回率(recall)　　　　　　　　　D. F 值

四、简答题

1. 简述 Spark MLlib 机器学习库的工作流程。

2. 简述推荐模型的分类。

五、编程题

通过使用 Spark MLlib 机器学习算法库,实现基于用户的电影推荐功能。

第 9 章

综合案例——Spark实时交易数据统计

学习目标

- 熟悉 Spark 实时计算系统架构。
- 掌握看板平台开发业务流程。
- 熟悉系统环境搭建步骤。
- 掌握 Redis 和 WebSocket 的基本使用方法。

本章通过 Spark Streaming 技术开发商品实时交易数据统计模块,该系统主要功能是在前端页面以动态报表展示后端不断增长的数据,这也是所谓的看板平台。通过学习并开发看板平台,从而帮助读者理解大数据实时计算架构的开发流程,并能够掌握 Spark 实时计算框架 Spark Streaming 在实际应用中的使用方法。本章的核心是在掌握实时计算系统架构的前提下,具备独立使用 Spark Streaming 分析转换数据的能力,并利用 Redis 数据库和 WebSocket 技术实现数据展示功能。

9.1 系统概述

9.1.1 系统背景介绍

在双十一的现场庆典中,成交额数据在大屏幕中会实时刷新展示,这就用到了数据可视化技术,数据可视化是借助于图形化手段,将数据库中的每一条数据以图像的形式展示在前端页面中,可以清晰有效地传达沟通信息。利用实时数据构建动态看板平台,可以使决策人员快速理解并处理相应的信息数据,还能够通过观察看板平台展示的动态数据,发现大数据集的市场变化和趋势动向。

在看板平台系统中,动态数据的展示就需要流式计算系统每时每刻接收数据、分析数据以及转发数据,通过本书学习的 Spark 实时计算框架 Spark Streaming 和 Kafka 就可以完成这一技术需求。

9.1.2 系统架构设计

下面通过图 9-1 来描述本章实时统计成交额计算系统的基础架构图。

从图 9-1 可以看出,本系统所需的数据是来源于用户访问订单页面,在商品成交后,数据会转发到订单系统中(根据不同的业务需求,数据来源于不同的模块),在本案例中,模仿

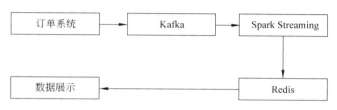

图 9-1　实时统计成交额计算系统基础架构

一个订单系统,每时每刻都产生一条订单,并将这条订单数据发送至 Kafka 中。然而,在实际工作应用开发中,为了系统各个模块的稳定以及各部门之间的协调管理,订单系统的开发人员所管理的 MySQL 数据库是不允许数据部门直接访问数据源的,这时就可以利用消息中间件 ActiveMQ 协调传输数据。当数据发送至 Kafka 中,就可以通过 Spark Streaming 定时从 Kafka 中读取一次数据,并计算设置定时时间间隔内每个订单的数据信息,将计算结果保存至数据库中,为了方便在数据库中进行累加操作,本案例将采用 Redis 数据库,后续将会进行详细讲解。

9.1.3　系统预览

本案例实时交易数据统计是分析订单中的商品,把每件商品的销售额进行汇总,最终以图表的形式动态展示在前端页面中,实际效果如图 9-2 所示。

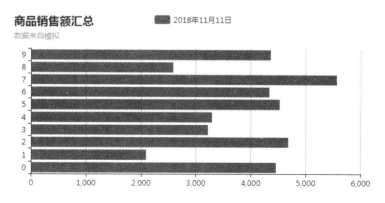

图 9-2　商品销售额汇总

在图 9-2 中,纵轴 0~9 表示商品编号,横轴表示该商品成交额总和。

在看板平台中,可以将各种业务数据展示在页面中,读者可自行添加需求,在页面中展示其运行效果即可。

9.2　Redis 数据库

源源不断的数据经过 Spark Streaming 程序处理完成后,需要将计算结果保存到文件系统或者数据库中,同时保存的数据也在不断地更新,Redis 是一款高性能键值对数据库,与传统数据库不同的是,Redis 的数据是存在内存中的,因此读写数据速度非常快,本项目将使用 Redis 数据库存储计算结果。

9.2.1　Redis 介绍

Redis 是使用 C 语言开发的一个开源的高性能键值对数据库,它通过提供多种键值对数据类型适应不同场景下的存储需求,到目前为止,Redis 支持的键值对数据类型,分别是字符串数据类型(String)、哈希(Hash)、列表(List)、集合(Set)以及有序集合(Zset)5 种。

Redis 性能非常出色,整个数据库的数据都被加载到内存中进行操作,Redis 会定期通过异步操作把数据写入磁盘中进行保存,从而保证了数据库的容错性,避免在计算机断电时,存储在内存中的数据丢失,官方数据显示,Redis 每秒可处理超过十万次读写操作,因此 Redis 可被应用于商品秒杀、缓存页面数据、应用排行榜等大量数据高并发的场景。

9.2.2　Redis 部署与启动

通过 Redis 官方网站下载 Redis 安装包,本书选用 redis-3.2.8.tar.gz 版本,下载完成后,将安装包上传至 hadoop01 节点下的/export/software 目录下,将其解压至/export/servers 目录下,命令如下。

```
$ tar -zxvf redis-3.2.8.tar.gz -C /export/servers/
```

由于 Redis 是由 C 语言开发,因此安装 Redis 需要将源码进行编译,编译依赖于 gcc 环境,所以要安装 gcc,安装命令如下。

```
$ yum install gcc
```

进入 redis-3.2.8 解压目录,编译 redis 源码,命令如下。

```
$ cd /export/servers/redis-3.2.8/
$ make
$ make PREFIX=/export/servers/redis install
```

执行上述命令后,会在/export/servers/目录下创建一个新的 Redis 文件夹,里面存放了执行 Redis 服务的相关程序,启动 Redis 服务需要 redis.conf 配置文件,它是用来设置 Redis 服务端启动时,所加载的配置参数。将源码包中附带的配置文件复制到 redis/bin 目录中,命令如下。

```
$ cp redis.conf /export/servers/redis/bin/
```

复制完成后,进入/export/servers/redis/bin/目录,使用 vi 命令打开 redis.conf 配置文件,修改 Redis 服务端 IP 地址,具体参数如下。

```
bind 192.168.121.134
```

至此 Redis 配置完成,下面启动 Redis 服务端,命令如下。

```
$ ./redis-server ./redis.conf
```

启动 Redis 服务后，执行效果如图 9-3 所示。

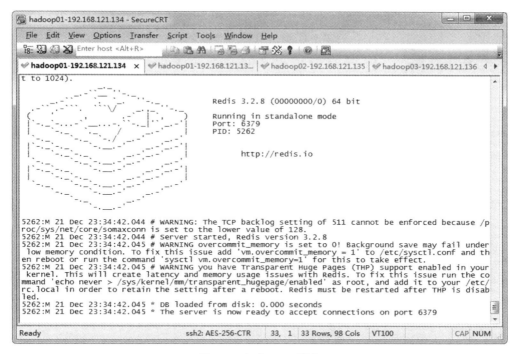

图 9-3　启动 Redis 服务

Redis 服务会占用会话窗口，如果想在后台启动 Redis 服务，只需要在 redis.conf 配置文件中修改 daemonize yes 参数即可。

9.2.3　Redis 操作及命令

启动 Redis 服务后，克隆 hadoop01 的会话终端，并在 redis/bin 目录下启动 Redis 客户端，命令如下。

```
$ ./redis-cli -h 192.168.121.134
```

Redis 客户端启动成功后的界面效果如图 9-4 所示。

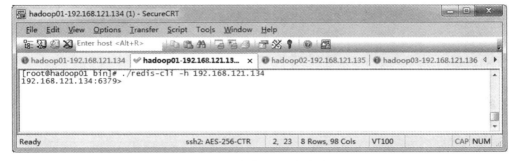

图 9-4　启动 Redis 客户端

Redis 包含 5 种数据类型, 操作方式大致相同, 哈希数据类型是 Redis 常用的数据类型, 数据结构为 Map<String, Map<String, String>>, 常用操作命令如表 9-1 所示。

表 9-1   针对 Hash 操作命令

命 令 名 称	相 关 说 明
hset(key, field, value)	向名称为 key 的 hash 中添加元素 field
hget(key, field)	返回名称为 key 的 hash 中 field 对应的 value
hincrby(key, field, integer)	将名称为 key 的 hash 中 field 的 value 增加 integer
hexists(key, field)	名称为 key 的 hash 中是否存在键为 field 的域
hdel(key, field)	删除名称为 key 的 hash 中键为 field 的域
hlen(key)	返回名称为 key 的 hash 中元素个数
hkeys(key)	返回名称为 key 的 hash 中所有键
hvals(key)	返回名称为 key 的 hash 中所有键对应的 value

9.3   模块开发——构建工程结构

接下来, 分步骤讲解构建工程结构。

1. 创建工程

首先打开 IDEA 开发工具, 创建 Maven 工程, 不选择任何模板, 具体如图 9-5 所示。

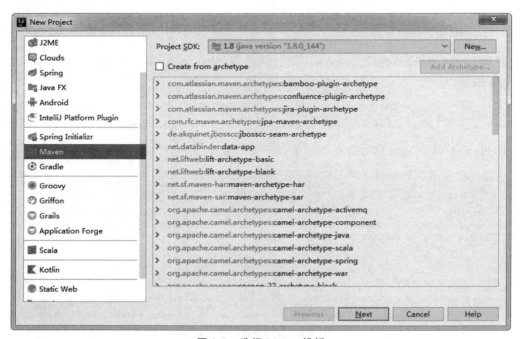

图 9-5   选择 Maven 模板

在图 9-5 中单击【Next】按钮,输入 GroupId 和 ArtifactId,作为组织名和项目工程名,具体如图 9-6 所示。

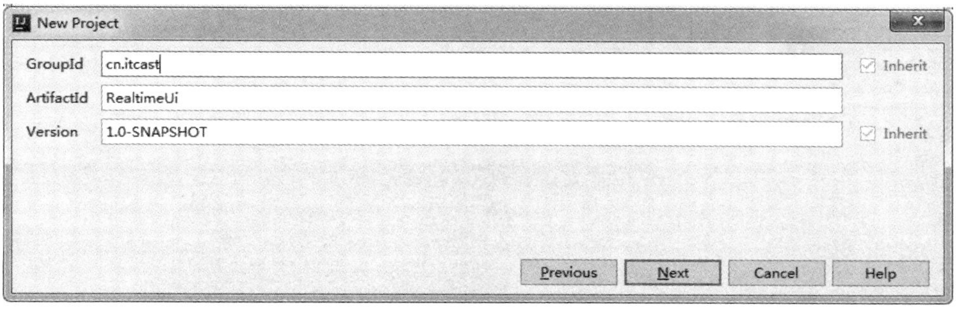

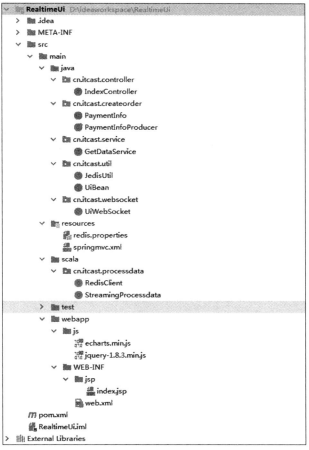

图 9-6　设置组织、工程名称

在图 9-6 中单击【Next】按钮直到出现【Finish】按钮完成工程创建。

2. 项目资源结构

本项目中所涉及的包文件、配置文件以及页面文件等是项目中的组织结构,如图 9-7 所示。

图 9-7　工程资源结构

将 Spark 工程和 JavaWeb 工程整合在一个 Maven 工程下,因此还需要向项目中添加 JavaWeb 工程必备的 web. xml 文件。在 IDEA 开发工具中,右击工程名,选择 Open Module Settings 选项,设置步骤如图 9-8 所示。

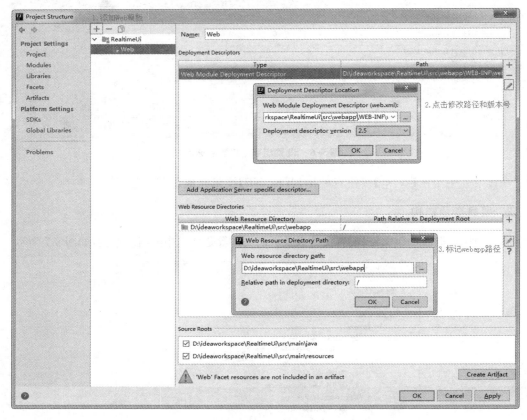

图 9-8　添加 web. xml 文件

在图 9-8 中,首先选择"＋"号添加 Web 模板,然后依次修改路径和版本号,并标记 webapp 路径,最后单击【OK】按钮完成配置。

3. 添加依赖

按照图 9-7 创建工程资源结构目录后,在 pom. xml 配置文件中添加工程所需依赖,具体代码如下所示。

```
1    <!--Spark-->
2    <dependency>
3        <groupId>org.apache.spark</groupId>
4        <artifactId>spark-core_2.11</artifactId>
5        <version>2.3.2</version>
6    </dependency>
7    <dependency>
```

```
8        <groupId>org.scala-lang</groupId>
9        <artifactId>scala-library</artifactId>
10       <version>2.11.8</version>
11  </dependency>
12  <dependency>
13       <groupId>org.apache.spark</groupId>
14       <artifactId>spark-streaming_2.11</artifactId>
15       <version>2.3.2</version>
16  </dependency>
17  <dependency>
18       <groupId>org.apache.spark</groupId>
19       <artifactId>spark-streaming-kafka-0-8_2.11</artifactId>
20       <version>2.3.2</version>
21  </dependency>
```

上述代码片段是项目所需的 Spark 依赖，包含了 spark-core、scala、spark-streaming 和 spark-streaming 与 Kafka 整合所需的 Jar 文件。

```
1   <!--Kafka-->
2   <dependency>
3        <groupId>org.apache.kafka</groupId>
4        <artifactId>kafka-clients</artifactId>
5        <version>2.0.0</version>
6   </dependency>
7   <!--Jedis-->
8   <dependency>
9        <groupId>redis.clients</groupId>
10       <artifactId>jedis</artifactId>
11       <version>2.9.0</version>
12  </dependency>
```

上述代码片段是项目所需的 Kafka、Jedis 依赖，其中 Jedis 是 Java 版本的 Redis 客户端实现，提供了数据库连接池管理，通过 Jedis 的 Jar 文件可以访问 Redis 数据库并进行相关的操作。

```
1   <!--Spring -->
2   <dependency>
3        <groupId>org.springframework</groupId>
4        <artifactId>spring-context</artifactId>
5        <version>4.2.4.RELEASE</version>
6   </dependency>
7   <dependency>
8        <groupId>org.springframework</groupId>
9        <artifactId>spring-beans</artifactId>
10       <version>4.2.4.RELEASE</version>
11  </dependency>
12  <dependency>
13       <groupId>org.springframework</groupId>
```

```
14        <artifactId>spring-webmvc</artifactId>
15        <version>4.2.4.RELEASE</version>
16   </dependency>
17   <dependency>
18        <groupId>org.springframework</groupId>
19        <artifactId>spring-jdbc</artifactId>
20        <version>4.2.4.RELEASE</version>
21   </dependency>
22   <dependency>
23        <groupId>org.springframework</groupId>
24        <artifactId>spring-aspects</artifactId>
25        <version>4.2.4.RELEASE</version>
26   </dependency>
27   <dependency>
28        <groupId>org.springframework</groupId>
29        <artifactId>spring-jms</artifactId>
30        <version>4.2.4.RELEASE</version>
31   </dependency>
32   <dependency>
33        <groupId>org.springframework</groupId>
34        <artifactId>spring-context-support</artifactId>
35        <version>4.2.4.RELEASE</version>
36   </dependency>
```

上述代码片段是项目所需 Spring 框架所需的 Jar 文件。

```
1    <!--JSP相关 -->
2    <dependency>
3        <groupId>jstl</groupId>
4        <artifactId>jstl</artifactId>
5        <version>1.2</version>
6    </dependency>
7    <dependency>
8        <groupId>javax.servlet</groupId>
9        <artifactId>servlet-api</artifactId>
10       <version>2.5</version>
11       <scope>provided</scope>
12   </dependency>
13   <dependency>
14       <groupId>javax.servlet</groupId>
15       <artifactId>jsp-api</artifactId>
16       <version>2.0</version>
17       <scope>provided</scope>
18   </dependency>
19   <!--Json-->
20   <dependency>
21       <groupId>com.alibaba</groupId>
22       <artifactId>fastjson</artifactId>
23       <version>1.2.41</version>
```

```
24  </dependency>
25  <!--WebSocket 通讯协议-->
26  <dependency>
27      <groupId>javax</groupId>
28      <artifactId>javaee-api</artifactId>
29      <version>7.0</version>
30      <scope>provided</scope>
31  </dependency>
```

在上述代码片段是项目所需 Jsp、Json 数据转换工具、WebSocket 的 Jar 文件。若读者仍需添加其他依赖库，可通过 https://mvnrepository.com/网站进行查找添加。

9.4　模块开发——构建订单系统

在本项目中，利用 Java 编程构建订单系统，在模拟订单数据时，可以采用随机生成一组 Json 格式的字符串来模拟订单数据。

9.4.1　模拟订单数据

订单数据模型通常由订单编号、订单时间、商品编号、商品价格等数十个字段组成，模型中的指标越多，提供给分析人员可分析的维度就越多，如针对平台运维角度统计指标可以计算订单数据统计平台总销售额度、平台今日下单人数；针对商品销售角度统计指标可以计算每个商品的总销售额、每个商品的销售数量。在本项目模块开发中，需要计算每个商品总销售额，相应的维度数据在数据库中可以表示为 bussiness：：order：：total 字段，字段的名称设计可根据业务需求名称自定义设置。

首先在 cn. itcast. createorder 包下创建 PaymentInfo. java 文件，用于定义订单字段以及生成订单数据，具体代码如文件 9-1 所示。

文件 9-1　PaymentInfo. java

```
1   import com.alibaba.fastjson.JSONObject;
2   import java.util.Random;
3   import java.util.UUID;
4   public class PaymentInfo {
5       private static final long serialVersionUID =1L;      //序列化 ID
6       private String orderId;                              //订单编号
7       private String productId;                            //商品编号
8       private long productPrice;                           //商品价格
9       //无参构造方法
10      public PaymentInfo() {
11      }
12      public static long getSerialVersionUID() {
13          return serialVersionUID;
14      }
15      public String getOrderId() {
16          return orderId;
17      }
```

```
18      public void setOrderId(String orderId) {
19          this.orderId =orderId;
20      }
21      public String getProductId() {
22          return productId;
23      }
24      public void setProductId(String productId) {
25          this.productId =productId;
26      }
27      public long getProductPrice() {
28          return productPrice;
29      }
30      public void setProductPrice(long productPrice) {
31          this.productPrice =productPrice;
32      }
33      @Override
34      public String toString() {
35          return "PaymentInfo{" +
36                  "orderId='" +orderId + '\'' +
37                  ", productId='" +productId + '\'' +
38                  ", productPrice=" +productPrice +
39                  '}';
40      }
41      //模拟订单数据
42      public String random(){
43          Random r =new Random();
44          this.orderId =UUID.randomUUID().toString().replaceAll("-", "");
45          this.productPrice =r.nextInt(1000);
46          this.productId =r.nextInt(10)+"";
47          JSONObject obj =new JSONObject();
48          String jsonString =obj.toJSONString(this);
49          return jsonString;
50      }
51  }
```

模拟订单数据模块开发中,第 6～8 行代码设置了 3 个字段,分别是订单编号、商品编号、商品价格。第 42～49 行代码是模拟订单数据的核心方法,采用 UUID 模拟生成订单编号,UUID 是由一组 32 位数的十六进制数字随机构成的字符串数据,商品编号是由 0～9 这 10 个数字组成,代表特定商品。在数据传输过程中,需要将对象转换成 Json 格式的字符串,这里采用了 Fastjson 数据转换工具,调用 JSONObject 类的 toJSONString()方法将 PaymentInfo 订单对象转换为 Json 格式的字符串,编写成功后,就可以在 test 目录中创建测试用例,最终随机生成的订单数据格式如下。

```
{"orderId":"b030e0dfb3b04cd18c3b32beac01ab25","productId":"6","productPrice":834}
```

9.4.2　向 Kafka 集群发送订单数据

模拟订单数据模块开发完成后,接下来,创建 Kafka 生产者对象,将订单数据发送至 Kafka 集群中,下面分步骤进行讲解。

1. 创建 Kafka 生产者对象

在 cn. itcast. createorder 包下创建 PaymentInfoProducer. java 文件，具体代码如文件 9-2 所示。

文件 9-2　PaymentInfoProducer. java

```java
1   import org.apache.kafka.clients.producer.KafkaProducer;
2   import org.apache.kafka.clients.producer.ProducerRecord;
3   import java.util.Properties;
4   public class PaymentInfoProducer {
5       public static void main(String[] args) {
6           Properties props = new Properties();
7           // 1. 指定 Kafka 集群的主机名和端口号
8           props.put("bootstrap.servers",
9                       "hadoop01:9092,hadoop02:9092,hadoop03:9092");
10          // 2. 指定等待所有副本节点的应答
11          props.put("acks", "all");
12          // 3. 指定消息发送最大尝试次数
13          props.put("retries", 0);
14          // 4. 指定一批消息处理大小
15          props.put("batch.size", 16384);
16          // 5. 指定请求延时
17          props.put("linger.ms", 1);
18          // 6. 指定缓存区内存大小
19          props.put("buffer.memory", 33554432);
20          // 7. 设置 key 序列化
21          props.put("key.serializer",
22              "org.apache.kafka.common.serialization.StringSerializer");
23          // 8. 设置 value 序列化
24          props.put("value.serializer",
25              "org.apache.kafka.common.serialization.StringSerializer");
26          KafkaProducer<String, String>kafkaProducer =
27                          new KafkaProducer<String, String>(props);
28          PaymentInfo pay = new PaymentInfo();
29          while (true){
30              // 9. 生产数据
31              String message = pay.random();
32              kafkaProducer.send(
33              new ProducerRecord<String, String>("itcast_order",message));
34              System.out.println("数据已发送到 Kafaka: "+message);
35              try {
36                  Thread.sleep(1000);
37              } catch (InterruptedException e) {
38                  e.printStackTrace();
39              }
40          }
41      }
42  }
```

上述代码是利用 Kafka API 创建生产者对象，设置 Kafka 集群配置参数并调用 send( ) 方法，不断向指定 Kafka 集群中发送订单数据。

2. 启动 Kafka 程序

下面依次启动主机名为 hadoop01、hadoop02、hadoop03 这 3 台集群中的 Kafka 服务，执行命令如下所示。

```
$ bin/kafka-server-start.sh config/server.properties
```

启动 Kafka 服务端进程后，通过克隆 hadoop01 的会话窗口来创建名为 itcast_order 的 Topic，执行命令如下所示。

```
$ kafka-topics.sh --create \
--topic itcast_order \
--partitions 3 \
--replication-factor 2 \
--zookeeper hadoop01:2181,hadoop02:2181,hadoop03:2181
```

Topic 创建成功后，就可以监听数据了，执行命令如下所示。

```
$ kafka-console-consumer.sh \
--from-beginning --topic itcast_order \
--bootstrap-server hadoop01:9092,hadoop02:9092,hadoop03:9092
```

命令执行完成后，返回 IDEA 工具，运行 PaymentInfoProducer 类生产数据，随后观察 Kafka 消费数据的会话窗口和 IDEA 工具的控制台输出，效果如图 9-9 所示。

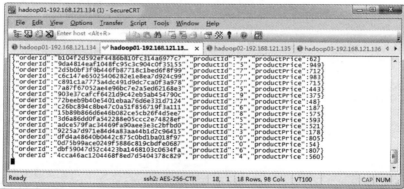

图 9-9   Kafka 生产与消费数据

从图 9-9 中可以看出,通过 Kafka API 方式实现生产者模拟源源不断的订单数据,在 CRT 会话窗口中通过 Kafka 消费者客户端监听并消费数据。至此,模拟订单系统开发完成。

9.5　模块开发——分析订单数据

针对 Kafka 中的实时订单数据,本节采用 Spark Streaming 实时计算框架对订单中不同商品的成交额进行统计分析,然后将分析出的数据按照业务需求存入 Redis 数据库。

1. 配置 Jedis 操作 Redis 数据库

数据写入到 Redis,可以使用 Jedis 工具,Jedis 是 Redis 官方推荐的 Java 连接开发工具,其中集成了 Redis 操作命令、提供数据库的连接池管理以及使用简单等优点。

在项目的资源目录创建 redis. properties 配置文件,配置参数如文件 9-3 所示。

文件 9-3　redis. properties

```
1   #表示 jedis 的服务器主机名
2   jedis.host=hadoop01
3   #表示 jedis 的服务的端口
4   jedis.port=6379
5   #jedis 连接池中最大的连接个数
6   jedis.max.total=60
7   #jedis 连接池中最大的空闲连接个数
8   jedis.max.idle=30
9   #jedis 连接池中最小的空闲连接个数
10  jedis.min.idle=5
11  #jedis 连接池最大的等待连接时间 ms 值
12  jedis.max.wait.millis=30000
```

在 scala 目录的 cn. itcast. processdata 包下创建 RedisClient. scala 文件,用于读取配置文件中 Redis 参数,代码如文件 9-4 所示。

文件 9-4　RedisClient. scala

```
1   import java.util.Properties
2   import org.apache.commons.pool2.impl.GenericObjectPoolConfig
3   import redis.clients.jedis.JedisPool
4   object RedisClient {
5     val prop =new Properties()
6     //加载配置文件
7     prop.load(
8     this.getClass.getClassLoader.getResourceAsStream("redis.properties"))
9     val redisHost: String =prop.getProperty("jedis.host")
10    val redisPort: String =prop.getProperty("jedis.port")
11    val redisTimeout: String =prop.getProperty("jedis.max.wait.millis")
12    lazy val pool =new JedisPool(new GenericObjectPoolConfig(),
13    redisHost, redisPort.toInt, redisTimeout.toInt)
```

```
14    lazy val hook = new Thread {
15        override def run = {
16            println("Execute hook thread: " + this)
17            pool.destroy()
18        }
19    }
20 }
```

文件 9-4 是 Scala 版本的 Jedis 工具类，为了让读者掌握更多编程技巧，同时提供了 Java 版本的 Jedis 工具类，在 cn. itcast. util 包中，创建 JedisUtil. java 文件，用来操作 Redis 数据库，具体代码如文件 9-5 所示。

文件 9-5　JedisUtil. java

```
1  import cn.itcast.jedis.JedisConstants;
2  import redis.clients.jedis.Jedis;
3  import redis.clients.jedis.JedisPool;
4  import redis.clients.jedis.JedisPoolConfig;
5  import java.io.IOException;
6  import java.util.Properties;
7  /* *
8   * Redis Java API 操作的工具类
9   * 主要提供 Java 操作 Redis 的对象 Jedis,类似数据库连接池
10  * /
11 public class JedisUtil {
12     private JedisUtil() {
13     }
14     private static JedisPool jedisPool;
15     static {
16         Properties prop = new Properties();
17         try {
18             prop.load(JedisUtil.class.getClassLoader()
19                             .getResourceAsStream("redis.properties"));
20             JedisPoolConfig poolConfig = new JedisPoolConfig();
21             //jedis 连接池中最大的连接个数
22             poolConfig.setMaxTotal(
23                 Integer.valueOf(prop.getProperty("jedis.max.total")));
24             //jedis 连接池中最大的空闲连接个数
25             poolConfig.setMaxIdle(
26                 Integer.valueOf(prop.getProperty("jedis.max.idle")));
27             //jedis 连接池中最小的空闲连接个数
28             poolConfig.setMinIdle(
29                 Integer.valueOf(prop.getProperty("jedis.min.idle")));
30             //jedis 连接池最大的等待连接时间 ms 值
31             poolConfig.setMaxWaitMillis(
32             Long.valueOf(prop.getProperty("jedis.max.wait.millis")));
33             //表示 jedis 的服务器主机名
34             String host = prop.getProperty("jedis.host");
35             int port = Integer.valueOf(prop.getProperty("jedis.port"));
36             jedisPool = new JedisPool(poolConfig, host, port, 10000);
```

```
37          } catch (IOException e) {
38              e.printStackTrace();
39          }
40      }
41      //提供 Jedis 的对象
42      public static Jedis getJedis() {
43          return jedisPool.getResource();
44      }
45      //资源释放
46      public static void returnJedis(Jedis jedis) {
47          jedis.close();
48      }
49  }
```

2. Spark Streaming 处理数据

接下来利用所学知识 Spark Streaming 处理 Kafka 集群中的数据,在 cn. itcast. processdata 包下创建 StreamingProcessdata. scala 文件,具体代码如文件 9-6 所示。

文件 9-6 StreamingProcessdata. scala

```
1   import com.alibaba.fastjson.{JSON, JSONObject}
2   import kafka.serializer.StringDecoder
3   import org.apache.spark.streaming.dstream.{DStream, InputDStream}
4   import org.apache.spark.streaming.kafka.KafkaUtils
5   import org.apache.spark.streaming.{Seconds, StreamingContext}
6   import org.apache.spark.{SparkConf, SparkContext}
7   import redis.clients.jedis.Jedis
8   object StreamingProcessdata {
9       //每件商品总销售额
10      val orderTotalKey = "bussiness::order::total"
11      //总销售额
12      val totalKey = "bussiness::order::all"
13      //Redis 数据库
14      val dbIndex = 0
15      def main(args: Array[String]): Unit = {
16          //1. 创建 SparkConf 对象
17          val sparkConf: SparkConf = new SparkConf()
18              .setAppName("KafkaStreamingTest")
19              .setMaster("local[4]")
20          //2. 创建 SparkContext 对象
21          val sc = new SparkContext(sparkConf)
22          sc.setLogLevel("WARN")
23          //3. 构建 StreamingContext 对象
24          val ssc = new StreamingContext(sc, Seconds(3))
25          //4. 消息的偏移量就会被写入到 checkpoint 中
26          ssc.checkpoint("./spark-receiver")
27          //5. 设置 Kafka 参数
28          val kafkaParams = Map(
```

```
29        "bootstrap.servers" ->"hadoop01:9092,hadoop02:9092,hadoop03:9092",
30        "group.id" ->"spark-receiver")
31        //6. 指定 Topic 相关信息
32        val topics = Set("itcast_order")
33        //7. 通过 KafkaUtils.createDirectStream 利用低级 api 接收 kafka 数据
34        val kafkaDstream: InputDStream[(String, String)] =
35        KafkaUtils.createDirectStream[String, String,
36             StringDecoder,StringDecoder](ssc, kafkaParams, topics)
37        //8. 获取 Kafka 中 Topic 数据,并解析 JSON 格式数据
38        val events: DStream[JSONObject] =kafkaDstream.flatMap(
39             line =>Some(JSON.parseObject(line._2)))
40        //9. 按照 productID 进行分组统计个数和总价格
41        val orders: DStream[(String, Int, Long)] =
42    events.map(x =>(x.getString("productId"), x.getLong("productPrice")))
43    .groupByKey().map(x =>(x._1, x._2.size, x._2.reduceLeft(_+_)))
44        orders.foreachRDD(x=>
45             x.foreachPartition(partition=>
46                partition.foreach(x=>{
47                    println("productId="
48                                  +x._1 +" count=" +x._2
49                                  +" productPricrice=" +x._3)
50             //获取 Redis 连接资源
51             val jedis: Jedis =RedisClient.pool.getResource()
52             //指定数据库
53             jedis.select(dbIndex)
54             //每个商品销售额累加
55             jedis.hincrBy(orderTotalKey, x._1, x._3)
56             //总销售额累加
57             jedis.incrBy(totalKey, x._3)
58             RedisClient.pool.returnResource(jedis)
59        })
60        )
61    )
62        ssc.start()
63        ssc.awaitTermination()
64    }
65 }
```

上述代码中,第 16~26 行代码用于构建 StreamingContext 对象,并设置批处理时间间隔为 3s;第 27 ~ 36 行代码,设置 Kafka 连接参数,并构建 KafkaDstream 对象,通过 KafkaUtils.createDirectStream()方法读取 Kafka 数据流;第 37~61 行代码,当接收到 Kafka 中每一条数据时,通过 JSON.parseObject()方法,将 Json 字符串转换为 JSONObject 对象,接着按照 productID 进行分组统计个数和价格,将 orders 对象中的 productId 和 productPrice 字段以 Hash 数据类型的结构保存在 Redis 数据库中,在 Redis 中表现为 Map < orderTotalKey,Map<productId,productPrice>>的数据格式。

为了测试目前系统是否能够正常工作,执行数据分析类(StreamingProcessdata. scala)、数据生产类(PaymentInfoProducer),然后在 Redis 客户端中查看数据,具体效果如图 9-10 所示。

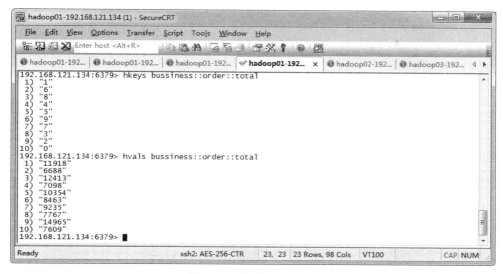

图 9-10　查看 Redis 数据

从图 9-10 中可以看出，数据成功保存在 Redis 数据库中。

9.6　模块开发——数据展示

数据分析结束后，就可以将 Redis 数据库中的数据显示在看板系统中，将抽象的数据图形化，便于非技术人员进行决策与分析，本系统采用 ECharts 来辅助实现。

9.6.1　搭建 Web 开发环境

在搭建系统环境之前，已经向 pom. xml 文件中添加了开发 Java Web 工程所需的 Spring 框架相关的依赖，因此可以直接编写项目所需配置文件 web. xml 和 springmvc. xml，代码如文件 9-7 和文件 9-8 所示。

文件 9-7　web. xml

```
1   <?xml version="1.0" encoding="UTF-8"?>
2   <web-app xmlns:xsi="http://www.w3.org/2001/XMLSchema-instance"
3           xmlns="http://java.sun.com/xml/ns/javaee"
4           xsi:schemaLocation="http://java.sun.com/xml/ns/javaee
5           http://java.sun.com/xml/ns/javaee/web-app_2_5.xsd"
6           version="2.5">
7   <display-name>RealtimeUi</display-name>
8   <welcome-file-list>
9       <welcome-file>index.html</welcome-file>
10  </welcome-file-list>
11  <!--加载 spring 容器 -->
12  <context-param>
13    <param-name>contextConfigLocation</param-name>
14    <param-value>classpath:springmvc.xml</param-value>
15      </context-param>
```

```
16    <listener>
17      <listener-class>
18         org.springframework.web.context.ContextLoaderListener
19      </listener-class>
20    </listener>
21    <!--解决 post 乱码 -->
22    <filter>
23      <filter-name>CharacterEncodingFilter</filter-name>
24      <filter-class>
25         org.springframework.web.filter.CharacterEncodingFilter
26      </filter-class>
27      <init-param>
28        <param-name>encoding</param-name>
29        <param-value>utf-8</param-value>
30      </init-param>
31    </filter>
32    <filter-mapping>
33      <filter-name>CharacterEncodingFilter</filter-name>
34      <url-pattern>/*</url-pattern>
35    </filter-mapping>
36    <!--配置 springmvc 的前端控制器 -->
37    <servlet>
38      <servlet-name>realtime</servlet-name>
39      <servlet-class>
40         org.springframework.web.servlet.DispatcherServlet
41      </servlet-class>
42      <init-param>
43        <param-name>contextConfigLocation</param-name>
44        <param-value>classpath:springmvc.xml</param-value>
45      </init-param>
46      <load-on-startup>1</load-on-startup>
47    </servlet>
48    <!--拦截所有请求,jsp 除外 -->
49    <servlet-mapping>
50      <servlet-name>realtime</servlet-name>
51      <url-pattern>/</url-pattern>
52    </servlet-mapping>
53  </web-app>
```

文件 9-7 中,web. xml 文件配置 Spring 监听器、编码过滤器和 SpringMVC 的前端控制器等信息。SpringMVC 是一个基于 DispatcherServlet 的 MVC 框架,每一个请求最先访问的是 DispatcherServlet,DispatcherServlet 负责转发每一个 Request 请求给相应的 Handler,Handler 处理后再返回给相应的视图和模型,在 web. xml 配置文件中指定 springmvc. xml 文件路径。

文件 9-8　springmvc. xml

```
1    <?xml version="1.0" encoding="UTF-8"?>
2    <beans xmlns="http://www.springframework.org/schema/beans"
3         xmlns:xsi="http://www.w3.org/2001/XMLSchema-instance"
```

```
4          xmlns:p="http://www.springframework.org/schema/p"
5          xmlns:context="http://www.springframework.org/schema/context"
6          xmlns:mvc="http://www.springframework.org/schema/mvc"
7          xsi:schemaLocation="http://www.springframework.org/schema/beans
8      http://www.springframework.org/schema/beans/spring-beans-4.2.xsd
9            http://www.springframework.org/schema/mvc
10           http://www.springframework.org/schema/mvc/spring-mvc-4.2.xsd
11           http://www.springframework.org/schema/context
12     http://www.springframework.org/schema/context/spring-context-4.2.xsd">
13         <!--扫描指定包路径,使路径当中的@controller 注解生效 -->
14         <context:component-scan base-package="cn.itcast.controller" />
15         <!--配置包扫描器,扫描所有带@Service 注解的类 -->
16         <context:component-scan base-package="cn.itcast.service"/>
17         <!--mvc 的注解驱动 -->
18         <mvc:annotation-driven />
19         <!--视图解析器 -->
20         <bean class=
21     "org.springframework.web.servlet.view.InternalResourceViewResolver">
22             <property name="prefix" value="/WEB-INF/jsp/" />
23             <property name="suffix" value=".jsp" />
24         </bean>
25         <!--配置资源映射 -->
26         <mvc:resources location="/js/" mapping="/js/* *"/>
27     </beans>
```

文件 9-8 中,springmvc.xml 文件配置了 Controller 层、Service 层的包扫描、注解驱动、视图解析器以及资源映射。

9.6.2　实现数据展示功能

配置文件添加成功后,在 cn.itcast.service 包下创建 GetDataService.java 文件,实现读取 Redis 数据功能,代码如文件 9-9 所示。

文件 9-9　GetDataService.java

```
1    import cn.itcast.util.JedisUtil;
2    import cn.itcast.util.UiBean;
3    import com.alibaba.fastjson.JSONObject;
4    import org.springframework.stereotype.Service;
5    import redis.clients.jedis.Jedis;
6    import java.util.Map;
7    @Service
8    public class GetDataService {
9        //获取 Jedis 对象
10       Jedis jedis =JedisUtil.getJedis();
11       public String getData() {
12           //获取 Redis 数据库中键为 bussiness::order::total 的数据
13           Map<String, String>testData =
14                           jedis.hgetAll("bussiness::order::total");
15           String [] produceId =new String [10];
```

```
16              String[] producetSumPrice =new String[10];
17              int i=0;
18              //封装数据
19              for(Map.Entry<String,String>entry : testData.entrySet()){
20                  produceId[i]=entry.getKey();
21                  producetSumPrice[i] =entry.getValue();
22                  i++;
23              }
24              UiBean ub =new UiBean();
25              ub.setProducetSumPrice(producetSumPrice);
26              ub.setProduceId(produceId);
27              //将 ub 对象转换为 Json 格式的字符串
28              return JSONObject.toJSONString(ub);
29          }
30      }
```

在数据分析过程中，将数据以 Hash 数据类型保存在 Redis 数据库中，因此读取 Redis 数据库时，需要使用 Map 数据类型进行封装处理，将其封装为 UiBean 对象，即展示页面时所需的数据字段，UiBean 代码如文件 9-10 所示。

文件 9-10   UiBean.java

```java
1   import java.util.Arrays;
2   public class UiBean {
3       private String[] produceId;
4       private String[] producetSumPrice;
5       public UiBean() {
6       }
7       public UiBean(String[] produceId, String[] producetSumPrice) {
8           this.produceId =produceId;
9           this.producetSumPrice =producetSumPrice;
10      }
11      public String[] getProduceId() {
12          return produceId;
13      }
14      public void setProduceId(String[] produceId) {
15          this.produceId =produceId;
16      }
17      public String[] getProducetSumPrice() {
18          return producetSumPrice;
19      }
20      public void setProducetSumPrice(String[] producetSumPrice) {
21          this.producetSumPrice =producetSumPrice;
22      }
23      @Override
24      public String toString() {
25          return "UiBean{" +"produceId=" +Arrays.toString(produceId) +
26          ",producetSumPrice=" +Arrays.toString(producetSumPrice) +'}';
27      }
28  }
```

需要说明的是,在模拟订单时,随机生成 10 个 productId。在定义 UiBean 中的字段 produceId、producetSumPrice 使用了数组格式。

当读取到 Redis 数据库中的订单数据后,通过 Controller 层调用 Service 层中的方法,在实际工作应用中,三层架构通常是以接口的形式互相调用,读者后续增加功能模块时,可自行将代码重构。接下来编写 Controller 层代码,Controller 层代码如文件 9-11 所示。

文件 9-11 IndexController.java

```java
1  import cn.itcast.service.GetDataService;
2  import org.springframework.beans.factory.annotation.Autowired;
3  import org.springframework.stereotype.Controller;
4  import org.springframework.web.bind.annotation.RequestMapping;
5  import org.springframework.web.bind.annotation.ResponseBody;
6  @Controller
7  public class IndexController {
8      @Autowired
9      private GetDataService getDataService;
10     @RequestMapping("/index")
11     public String showIndex() {
12         return "index";
13     }
14     @RequestMapping(value ="/getData",
15                         produces ="application/json;charset=UTF-8")
16     @ResponseBody
17     public String getData() {
18         String data =getDataService.getData();
19         return data;
20     }
21 }
```

编写前端页面代码之前,首先要考虑一个问题,前端页面中如何动态显示图表?解决方案有许多种,如通过 JS 代码编写定时器,每隔 1s 刷新一次页面访问后端数据接口,这种频繁向服务器发送请求,检查是否有新的数据改动,会形成轮询,导致效率低以及流量和服务器资源的浪费,因此采用 WebSocket 网络通信协议。

WebSocket 是从 HTML5 开始提供的一种在单个 TCP 连接上进行全双工通信的协议,以便通信的任何一端都可以通过建立的连接将数据推送到另一端。WebSocket 只需要建立一次连接,就可以一直保持连接状态,这相比于轮询方式的不停建立连接显然效率要大大地提高。当获取 WebSocket 连接后,可以通过 send() 方法来向服务器发送数据,并通过 onmessage 事件来接收服务器返回的数据。WebSocket 技术并非本书重点内容,读者可以查阅相关资料深入学习。

因此在 cn.itcast.websocket 包下创建 UiWebSocket.java 文件,代码如文件 9-12 所示。

文件 9-12 UiWebSocket.java

```java
1  import cn.itcast.service.GetDataService;
2  import javax.websocket.*;
3  import javax.websocket.server.ServerEndpoint;
4  import java.io.IOException;
5  import java.util.concurrent.CopyOnWriteArraySet;
```

```
6    @ServerEndpoint("/uiwebSocket")
7    public class UiWebSocket {
8        //静态变量,用来记录当前在线连接数。应该把它设计成线程安全的。
9        private static int onlineCount =0;
10       //concurrent 包的线程安全 Set 集合,用来存放每个客户端对应的 MyWebSocket 对象。
11       //若要实现服务端与单一客户端通信的话,可以使用 Map 来存放,其中 Key 可以为用户标识
12       private static CopyOnWriteArraySet<UiWebSocket>webSocketSet =
13                               new CopyOnWriteArraySet<UiWebSocket>();
14       //与某个客户端的连接会话,需要通过它来给客户端发送数据
15       private Session session;
16       //建立连接成功时调用
17       @OnOpen
18       public void onOpen(Session session) {
19           this.session =session;
20           webSocketSet.add(this);              //加入 set 中
21           addOnlineCount();                    //在线数加 1
22           System.out.println("有新连接加入!当前在线人数为" +getOnlineCount());
23           onMessage("",session);
24       }
25       //连接断开时调用方法
26       @OnClose
27       public void onClose() {
28           webSocketSet.remove(this);           //从 set 中删除
29           subOnlineCount();                    //在线数减 1
30           System.out.println("有一连接关闭!当前在线人数为" +getOnlineCount());
31       }
32       GetDataService getDataService =new GetDataService();
33       //收到客户端消息后调用的方法
34       @OnMessage
35       public void onMessage(String message, Session session) {
36           System.out.println("来自客户端的消息:" +message);
37           //群发消息
38           for (final UiWebSocket item : webSocketSet) {
39             try {
40                   while (true){
41                       item.sendMessage(getDataService.getData());
42                       Thread.sleep(1000);
43                   }
44             } catch (Exception e) {
45                   e.printStackTrace();
46                   continue;
47             }
48           }
49       }
50       //出错时调用
51       @OnError
52       public void onError(Session session, Throwable error) {
53           System.out.println("发生错误");
54           error.printStackTrace();
55       }
```

```
56          //根据自己需要添加的方法
57          public void sendMessage(String message) throws IOException {
58              this.session.getBasicRemote().sendText(message);
59          }
60          //获取连接数
61          public static synchronized int getOnlineCount() {
62              return onlineCount;
63          }
64          //添加连接数
65          public static synchronized void addOnlineCount() {
66              UiWebSocket.onlineCount++;
67          }
68          //减少连接数
69          public static synchronized void subOnlineCount() {
70              UiWebSocket.onlineCount--;
71          }
72      }
```

在上述代码中，@ServerEndpoint 注解是一个类层次的注解，它的功能主要是将目前的类定义成一个 WebSocket 服务器端，注解的值将被用于监听用户连接的终端访问 URL 地址，客户端可以通过这个 URL 来连接到 WebSocket 服务器端，在核心代码第 37～54 行，调用 getDataService.getData() 获取数据，并不断将数据推送到 message 中。

在 index.jsp 页面编写 JS 代码，编写回调方法接收后台数据，再利用 ECharts 工具，生成 ECharts 图例，代码如文件 9-13 所示。

文件 9-13　index.jsp

```
1   <%@ page contentType="text/html;charset=UTF-8" language="java" %>
2   <!DOCTYPE html>
3   <html style="height: 100%">
4   <head>
5       <meta charset="utf-8">
6       <title>商品销售额实时展示</title>
7   </head>
8   <body style="height: 100%; margin: 0">
9   <div id="container" style="height: 30% ;width: 30%"></div>
10  <div id="message"></div>
11  <script src="/js/jquery-1.8.3.min.js"></script>
12  <script src="/js/echarts.min.js"></script>
13  <script type="text/javascript">
14    var myChart =echarts.init(document.getElementById('container'));
15    myChart.setOption({
16        title: {
17            text: '商品销售额汇总',
18            subtext: '数据来自模拟'
19        },
20        tooltip: {
21            trigger: 'axis',
```

```
22          axisPointer: {
23              type: 'shadow'
24          }
25      },
26      legend: {
27          data: ['2018 年 11 月 11 日']
28      },
29      grid: {
30          left: '3%',
31          right: '4%',
32          bottom: '3%',
33          containLabel: true
34      },
35      xAxis: {
36          type: 'value',
37          boundaryGap: [0, 0.01]
38      },
39      yAxis: {
40          type: 'category',
41          data : []
42      },
43      series: [
44          {
45              name: '2018 年 11 月 11 日',
46              type: 'bar',
47              data : []
48          }
49      ]
50  });
```

在上述 index.jsp 代码中，在 id 为 container 的 div 标签中添加固定格式的 ECharts 模板图表代码，不同的图表可以在 ECharts 官网复制模板代码直接使用。下面继续在＜script＞标签中编写 js 代码，实现 WebSocket 动态加载并填充图表数据。

```
1   //隐藏加载动画
2   myChart.hideLoading();
3   var websocket = null;
4   //判断当前浏览器是否支持 WebSocket
5   if ('WebSocket' in window) {
6       websocket = new WebSocket("ws://localhost:8080/uiwebSocket");
7   }
8   else {
9       alert('当前浏览器 Not support websocket')
10  }
11  //连接发生错误的回调方法
12  websocket.onerror = function () {
13      setMessageInnerHTML("WebSocket 连接发生错误");
14  };
15  //连接成功建立的回调方法
```

```
16    websocket.onopen = function () {
17        setMessageInnerHTML("WebSocket 连接成功");
18    }
19    //接收到消息的回调方法
20    websocket.onmessage = function (event) {
21        jsonbean = JSON.parse(event.data);
22        //alert(jsonbean);
23        //填充数据
24        myChart.setOption({
25            yAxis : {
26                data : jsonbean.produceId
27            },
28            series :[{
29                // 根据名字对应到相应的系列
30                data : jsonbean.producetSumPrice
31            }]
32        })
33        setMessageInnerHTML(event.data);
34    }
35    //连接关闭的回调方法
36    websocket.onclose = function () {
37        setMessageInnerHTML("WebSocket 连接关闭");
38    }
39    //监听窗口关闭事件,当窗口关闭时,主动关闭 WebSocket 连接,
40    //防止连接还没断开就关闭窗口,server 端会抛出异常。
41    window.onbeforeunload = function () {
42        closeWebSocket();
43    }
44    //将消息显示在网页上
45    function setMessageInnerHTML(innerHTML) {
46        //document.getElementById('message')
47                            .innerHTML += innerHTML + '<br/>';
48    }
49    //关闭 WebSocket 连接
50    function closeWebSocket() {
51        websocket.close();
52    }
53 </script>
54 </body>
55 </html>
```

至此,就完成了看板系统的前端开发,下面就可以启动所有模块,查看运行效果。

9.6.3　可视化平台展示

接下来依次启动模拟订单数据模块(PaymentInfoProducer. java)、数据分析模块(StreamingProcessdata. java)以及 Tomcat 服务,通过访问 http://localhost:8080/index 浏览看板页面,如图 9-11 所示。

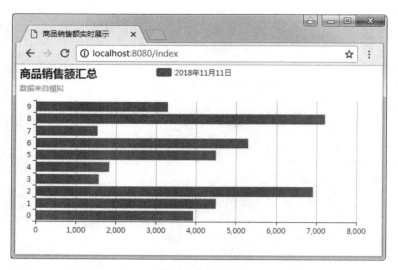

图 9-11　看板页面

9.7　本章小结

　　本章主要介绍了利用 Spark Streaming、Kafka 以及 Redis 等技术开发实时交易数据统计系统,通过本章的学习,读者能够了解大数据实时计算架构的开发流程,并巩固 Spark Streaming 与 Kafka 整合在实际开发中的使用方式。本章的重点是在掌握系统架构和业务流程的前提下,读者自己动手开发系统,当遇到问题时,可以独立解决问题。